LA

PHOTOGRAPHIE INSTANTANÉE

BRUXELLES. — IMPRIMERIE A. LEFÈVRE,
rue Saint-Pierre, 9.

Phototypie de W. OTTO, Bruxelles et Düsseldorf. Cliché de LEONE RICCI.

LA DANSEUSE DE CORDE.

Instantanée de M. RICCI à Milan.

LA
PHOTOGRAPHIE INSTANTANÉE

SON APPLICATION
AUX ARTS ET AUX SCIENCES,

PAR

LE Dr J.-M. EDER,

DIRECTEUR DE L'ÉCOLE ROYALE ET IMPÉRIALE DE PHOTOGRAPHIE A VIENNE,
PROFESSEUR A L'ÉCOLE INDUSTRIELLE DE VIENNE,
MEMBRE D'HONNEUR
DE L'ASSOCIATION BELGE DE PHOTOGRAPHIE, DE LA SOCIÉTÉ PHOTOGRAPHIQUE DE LA GRANDE-BRETAGNE, ETC.

Traduction française de la 2e édition allemande

PAR

O. CAMPO,

Membre de l'Association belge de Photographie.

PARIS,
GAUTHIER-VILLARS ET FILS, IMPRIMEURS-ÉDITEURS
DE LA BIBLIOTHÈQUE PHOTOGRAPHIQUE,
Quai des Grands-Augustins, 55.

1888

NOMS D'AUTEURS CITÉS

TABLE DES MATIÈRES

CHAPITRE Ier.

CHAPITRE II.

CHAPITRE III.

CHAPITRE IV.

CHAPITRE V.

CHAPITRE VI.

CHAPITRE VII.

CHAPITRE VIII.

CHAPITRE IX.

CHAPITRE X.

CHAPITRE XI.

CHAPITRE XII.

CHAPITRE XIII.

CHAPITRE XIV.

CHAPITRE XV.

CHAPITRE XVI.

CHAPITRE XVII.

CHAPITRE XVIII.

CHAPITRE XIX.

CHAPITRE XX.

CHAPITRE XXI.

CHAPITRE XXII.

CHAPITRE XXIII

CHAPITRE XXIV.

AVANT-PROPOS

L'ouvrage que nous soumettons à l'accueil bienveillant du lecteur tire son origine d'une conférence donnée par l'AUTEUR à une réunion de la *Société pour l'avancement des sciences naturelles de Vienne.*

L'intérêt que rencontra le sujet traité devant cette docte assemblée, intérêt qui s'est accentué depuis dans le monde entier, détermina le DOCTEUR J.-M. EDER à élargir ses notes et à compiler dans les feuillets du présent livre les patientes recherches faites dans le domaine de la photographie instantanée par une phalange nombreuse d'hommes illustres. C'est ainsi que les travaux des Muybridge, des Janssen, des Marey, des Anschütz et d'autres encore, qui s'adressaient à l'origine exclusivement à un public spécial, se trouvent vulgarisés et mis à la portée de tous ceux qui s'occupent de photographie.

Il nous a semblé utile de faire bénéficier le lecteur français du travail du jeune et savant professeur viennois et nous lui en présentons aujourd'hui la traduction.

Nous avons respecté autant qu'il était en notre pouvoir le cadre de l'édition originale, ne nous écartant du sujet que dans le cas où la reproduction de certaines figures explicatives nous était rendue impossible. Dans cette occurrence, nous avons remplacé les clichés usés par d'autres : c'est avouer que les modifications apportées à l'œuvre originale portent plutôt sur des détails que sur le fond.

Qu'il nous soit permis en terminant de remercier le DOCTEUR J.-M. EDER de la bienveillante autorisation qu'il nous a accordée et de rappeler les noms de MM. Marey, Londe, Janssen, Anschütz et celui de M. Tissandier, le sympathique directeur de l'excellent journal *La Nature*, dont nous allons citer souvent les travaux dans ce volume.

Bruxelles, août 1888.

LE TRADUCTEUR.

DE LA
PHOTOGRAPHIE INSTANTANÉE

SES APPLICATIONS AUX SCIENCES ET A L'ART

CHAPITRE PREMIER

Histoire de la Photographie instantanée

Les épreuves photographiques instantanées ne sont pas dues aux découvertes des dernières années. Il y a déjà plus de trente ans que DAGUERRE (1840) et TALBOT (1841) photographiaient l'homme en mouvement. Il est bien vrai que les résultats obtenus étaient médiocres, mais pouvait-on attendre beaucoup des objectifs peu lumineux et d'un procédé photographique fort peu sensible ?

Le procédé au collodion inventé vers 1850 par LE GRAY et amélioré par ARCHER surpasse de quinze à vingt fois, en sensibilité, le procédé de DAGUERRE. Aussi, ne doit-on pas être surpris de constater qu'à cette époque les épreuves *instantanées* n'étaient pas rares.

A l'Exposition universelle de Londres de 1862, les visiteurs purent en admirer de nombreuses, en même temps que les appareils qui avaient servi à les obtenir.

Nous en possédons qui ont été faites à cette époque par VALENTINE BLANCHARD; elles reproduisent des voiliers en pleine course, des scènes de rue, le va-et-vient d'un pier-embarcadère, etc. D'autres épreuves, dont les négatifs furent obtenus par SAYCE au moyen du procédé au collodion, retracent avec netteté le mouvement des vagues ainsi que la silhouette d'un steamer.

Mais il n'était pas donné au *Collodio-bromure d'argent* de réduire le temps de pose autant que le fait le *Gélatino-bromure d'argent*.

Un pas énorme fut fait dans la préparation de plaques extrêmement sensibles, par la découverte de l'émulsion au gélatino-bromure d'argent; procédé que nous devons à un photographe-amateur, le Dr MADDOX (1871).

Ces plaques (plaques sèches) donnent des couches vingt à trente fois plus sensibles que celles obtenues par le procédé au collodion ; elles sont sèches, se conservent longtemps et plusieurs mois peuvent s'écouler entre l'exposition et le développement sans que ce dernier en souffre.

Grâce aux couches aussi sensibles et aux nouveaux objectifs si lumineux, *la photographie instantanée* fit des progrès immenses.

Dans le principe, pour les expositions rapides, on eut recours à l'objectif à portrait construit sur les données de PETZVAL. Cet objectif possède un pouvoir lumineux n'ayant pas encore été surpassé par les combinaisons nouvelles, mais il a, malheureusement, peu de profondeur de foyer, et ne rend pas, avec la même netteté que les objectifs construits actuellement, les divers plans d'un sujet.

M. STEINHEIL, de Munich, présenta vers 1879 son *Aplanat* pour groupes et en 1881 son *Antiplanat*. M. R. VON VOIGTLANDER de Brunswick fit connaître en 1878 l'*Euryscope*. D'autres opticiens étudièrent de nouvelles combinaisons en vue d'obtenir en même temps qu'une grande profondeur d'image, une luminosité considérable.

Vers 1883, de nombreux perfectionnements, apportés aux obturateurs instantanés, par MM. HUNTERS et SANDS, THURY et AMEY, vinrent s'ajouter à ces objectifs améliorés.

Jusqu'en 1880, la photographie instantanée, reconnue comme produisant des épreuves très curieuses, fut employée pour animer les tableaux de genre.

Des épreuves exceptionnelles comme dimensions, richesse de détails, difficultés d'exécution (hommes et animaux en course et au saut) furent faites par le peintre LUGARDON de Genève (1883). On devra citer encore BOISSONAS de Genève (portraits d'enfants, fauves, lions et tigres), UHLENBACH de Coburg, NEWTON de New-York (marines), GRASSIN de Boulogne (marines, études de vagues, train pris en marche).

Les premières épreuves de la foudre furent faites par un autrichien M. R. HAENSEL de Reichenberg (1883). Le Dr KAYSER de Berlin fut assez heureux (1884) d'obtenir une grande épreuve d'un éclair frappant le sol.

Le professeur MACH de Prague (1884) qui parvint à photographier les ondes sonores, fut le premier qui obtint nettement, l'image d'une balle de fusil en mouvement.

M. MAREY photographia la trajectoire d'un corps qui tombe, ainsi que d'autres phénomènes physiques.

M. MUYBRIDGE fut le premier qui, encouragé dans ses travaux par le gouverneur Stanford, photographia vers 1877 les hommes et les animaux en mouvement.

De nombreuses séries prises rapidement permirent de faire des observations scientifiques.

Après MUYBRIDGE, l'académicien MAREY, l'éminent physiologue français entreprit, grâce à son fusil photographique, l'étude du vol des oiseaux (1882).

CHARCOT (1883) se sert de la photographie instantanée pour étudier les phases des diverses maladies nerveuses.

A une époque plus récente (1882), M. OTTOMAR ANSCHUTZ de Lissa entreprit en Allemagne la photographie instantanée scientifique. Cet habile praticien, obtint avec une rare perfection, non seulement des épreuves isolées d'hommes et d'animaux en mouvement, mais encore depuis 1885, il parvint à obtenir des séries complètes de ces mouvements, séries qui ont une réelle valeur scientifique.

Nous décrirons plus loin les travaux d'autres expérimentateurs et chercheurs dans le domaine de la photographie instantanée, tels que la photographie en ballon, etc.

CHAPITRE II

I. — La Chambre noire et les Objectifs

La photographie instantanée n'exige pas de chambre noire spéciale ; le modèle ordinairement employé peut servir. Seulement il est à remarquer que, destinée à être employée en voyage ou en excursion, la chambre sera construite aussi légèrement que possible sans toutefois en sacrifier la solidité. Elle sera donc assez légère et assez compacte pour qu'un homme puisse la porter avec un certain nombre de plaques sensibles, sans trop de fatigues. La figure 1 nous montre un type fort connu, construit un peu partout. La chambre noire munie de châssis, objectif, obturateur, voile, etc., se place dans un sac *ad hoc,* qui se porte sur le dos. Le trépied, très stable, replié et réduit à sa plus simple expression, renfermé dans une gaîne, se porte à la main ou se boucle sur le sac. Ces chambres s'achètent chez tous les fabricants et marchands d'accessoires pour la photographie, leur prix varie de fr. 150 à 300. Il ne

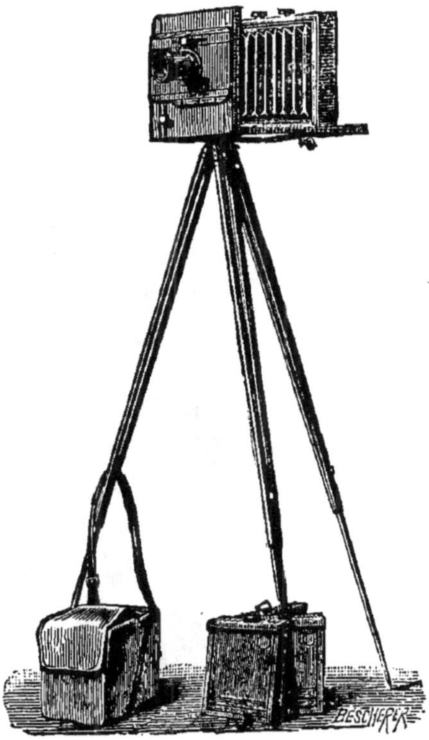

Figure 1. — Appareil de voyage.

faudrait pas songer à se livrer à des travaux sérieux avec des appareils d'un prix beaucoup inférieur, la construction devant nécessairement se ressentir d'un abaissement trop considérable du prix. Lorsqu'on opère, l'appareil devra être tantôt monté, tantôt descendu, l'arrière devra être déplacé afin de prendre correctement l'image. La construction permettra aussi de prendre la vue en hauteur et en largeur.

Figure 2. — Chambre noire.

Comme spécimens de chambres à recommander à ceux qui s'occupent de photographie instantanée, on peut indiquer les produits des maisons Jonte, Mackenstein et Enjalbert en France, Wanaus en Autriche, Shew, Hunter et Sands, Meagher, Rouch, Watson, etc., en Angleterre, Hofmans en Belgique, parce que, tout en étant d'une construction ingénieuse et d'un volume compacte, ils jouissent d'une grande solidité.

La figure 2 et la figure 3 nous représentent une chambre noire construite par M. WANAUS de Vienne (Autriche), vue de face et vue de côté.

Le trépied *a* est en trois parties dont les points pliants sont consolidés par des bandes de laiton *b*. Sur le plateau du trépied se trouve vissé en saillie un anneau en zinc qui correspond à un autre anneau en creux placé sous le chariot de la chambre, permettant à la vis d'attache de saisir rapidement le chariot et de le

Figure 3. — **Chambre noire.**

fixer. Le devant *c* de la chambre est mobile; au moyen de la vis à pignon *k* qui mord dans une crémaillère, il peut être amené en arrière ou être porté en avant.

La vis *k* est double, elle se compose de deux vis distinctes dont les têtes sont de diamètre différent. L'une d'elles munie d'un pignon prend dans la crémaillère et sert à avancer ou à reculer le devant de la chambre. Lorsque celui-ci est amené à la position désirée, la seconde vis remplit les fonctions d'écrou et, par le serrage, cale l'appareil.

En lâchant la vis calante *f*, on peut faire, au moyen de la vis *l*, basculer tout le système. La pointe de la plaque de laiton par laquelle passent toutes ces vis sert d'aiguille et indique sur un cercle gradué le degré d'inclinaison ou la verticale lorsqu'elle est au *o*.

Si on désire monter ou descendre la planchette dentelée de l'objectif, on desserre la vis *h* et les deux mouvements se font par la vis à pignon *g*. En cas d'une descente assez considérable de l'objectif, la partie *i* peut être rabattue.

La partie postérieure de la chambre portant le verre dépoli est également mobile; elle est montée sur de fortes plaques à pattes en laiton qui prennent sur le côté du chariot. En serrant la vis *k*, ces plaques se rapprochent de ce dernier et le calage s'opère. Relâchée, la vis *k* permet une mise au point approximative à la main, mise au point qui s'achèvera plus tard par le pignon se trouvant sur le devant de la chambre.

Cette partie antérieure est assez large pour pouvoir loger un châssis double. Après la mise au point, on place derrière ce châssis la glace dépolie. Celui-ci prenant la place de sa devancière présente dès lors la surface sensible au foyer.

Deux crochets *M* et *M'* maintiennent la glace dépolie *l* ou le châssis dans le plan déterminé du foyer. Le soufflet est en cône, ce qui permet de le réduire à une petite épaisseur. La figure 3 montre l'arrière de la chambre. L'arrière peut être séparé de sa base qui se divise en deux parties. La vis *n* mouvant la partie *o*, fait écarter les lames de laiton qui s'y trouvent fixées; l'arrière devenu libre peut alors être tourné dans le sens de la flèche tandis que le soufflet se déplace au moyen d'une rondelle tournante. La chambre est encore améliorée par un mouvement rotatif vertical permettant de rapprocher de l'objectif, tantôt à droite, tantôt à gauche, le verre dépoli. Pour replier la chambre, on réunit la partie de l'avant à celle de l'arrière, on relève au moyen des crochets *M*, le chariot articulé qui vient faire corps avec la chambre. La petite boîte ainsi formée se place avec les châssis doubles dans un coffre. Ces châssis doubles sont fabriqués au moyen de profils en bois et de volets en carton recouverts de toile; ils sont légers et d'une solidité à toute épreuve.

Le trépied se porte comme une canne sur l'épaule. Il arrive généralement que lorsqu'on désire prendre des instantanées qu'il faut préparer l'appareil un certain temps à l'avance. Le volet du châssis est ouvert, l'obturateur est armé et on n'attend plus que le moment propice pour exposer. Dans ces conditions la couche sensible est exposée à se voiler, car quelque parfaite que soit la construction de tous les organes de la chambre, il y aura toujours une petite ouverture qui laissera passer un faible filet de lumière. Pour éviter l'influence néfaste de celle-ci, on fera bien de couvrir la chambre noire d'une enveloppe imperméable (*fig.* 4 *et fig.* 5).

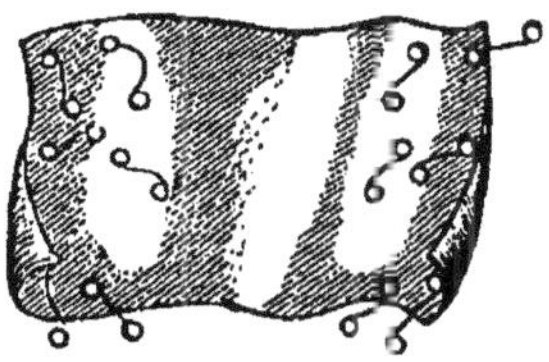

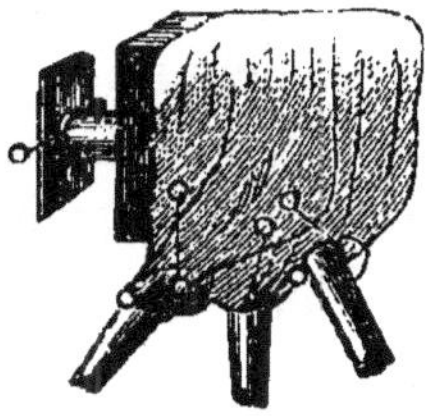

Figure 4. **Chambre protégée.** Figure 5.

Il serait bon de prendre la même précaution pour les châssis. Ainsi protégé, l'appareil peut être tenu à l'affût même en plein soleil, sans que l'on ait à redouter le voile.

II. — Les Objectifs

Pour convenir à la photographie instantanée, trois choses sont exigées des objectifs : 1° une grande luminosité; 2° beaucoup de profondeur de foyer; 3° la formation d'une image rectiligne.

Les objectifs les plus lumineux sont ceux à portrait, construits d'après les données de PETZVAL par Voigtländer, Dallmeyer et par bien d'autres opticiens encore. Dans ces appareils, la combinaison des lentilles ne donne pas de profondeur de foyer et ne rend pas d'une façon nette les sujets se trouvant sur différents plans; il en résulte que les objectifs à portrait ne peuvent servir que lorsqu'il s'agit de reproduire des sujets isolés, et ne conviennent aucunement lorsque les sujets se trouvent dans des plans divers ou que les sujets en mouvement viennent se placer sur un plan autre que celui sur lequel on a mis au point.

Lorsqu'on se trouve donc en présence de scènes animées, telles que les marines, les foules etc., d'autres objectifs doivent avoir la préférence. Les plus employés, les plus en vogue dans ces cas sont : l'*Antiplanat* du Dr STEINHEIL de Munich, l'*Euryscope* de VOIGTLANDER de Brunschweig, le *Rapid Symetrical* de Ross de Londres, le *Rapid Rectilinear* de DALLMEYER et le *Rectilinéaire* de FRANÇAIS de Paris. Sur le Continent, les photographes connaissent surtout l'*Antiplanat* et l'*Euryscope*; ils sont très lumineux, donnent beaucoup de profondeur de foyer et couvrent *net* un assez grand champ.

Pour produire des images d'une grandeur de 9 × 12 cent., on ne saurait recommander un *Antiplanat* plus petit que celui qui possède 33 *millimètres d'ouverture* et 18 *centimètres de foyer* (Prix 100 francs). Le numéro plus fort a 43 *millimètres d'ouverture* et 24 *centimètres de foyer* (Prix 130 francs), convient mieux que le précédent, mais l'objectif de 48 *centimètres d'ouverture* et 27 1/2 *centimètres de foyer* (Prix 155 francs), est préférable encore, parce que tout en couvrant déjà la carte album il dessine admirablement la grandeur 9 × 12. Pour cette dimension et même pour la carte album, on peut recommander chaudement l'*Antiplanat*, surtout si l'obturateur se place devant ou derrière l'objectif. L'emploi des obturateurs centraux rencontre une difficulté avec l'*Antiplanat*; pour les numéros moyens, les lentilles sont tellement rapprochées qu'en dehors de l'obturateur central, il est difficile de se servir des diaphragmes; les numéros élevés, au contraire, permettent l'emploi simultané de l'obturateur et des diaphragmes.

De magnifiques *Instantanées* ont été obtenues avec l'*Antiplanat*; MM. LUGARDON de Genève, SCOLIK et DAVID de Vienne,

UHLENBUTH de Cobourg, OBERNETTER de Munich et d'autres praticiens s'en servent de préférence et il a rendu déjà à nous-mêmes de grands services.

L'*Euryscope,* quoique moins lumineux que l'*Antiplanat*, est aussi très recommandable. Pour la dimension 9 × 12 on devra employer le numéro 39 *millimètres d'ouverture* et 21 *centimètres de foyer* (Prix 125 francs), et pour la dimension suivante le numéro de 66 *millimètres d'ouverture* et 36 *centimètres de foyer*. Cet objectif nous a donné une image de 30 × 40 centimètres. Ce sont les forts numéros de l'*Euryscope* qui développent toutes les qualités de cette combinaison. Il est employé par MM. WIGHT, LUGARDON, SCHWARZ, BURGER, etc. L'espace entre les lentilles permet l'obturateur central combiné avec un peu de diaphragme (1).

L'*Antiplanat,* aussi bien que l'*Euryscope*, donne à toute ouverture des images bien nettes, surtout si on a soin d'employer un objectif couvrant plus que la dimension du format désiré. Si l'opérateur exige pourtant une plus grande profondeur de foyer, ou bien s'il craint que dans son travail le sujet en mouvement ne se présentera pas précisément dans le même plan que celui sur lequel il lui est loisible de mettre au point, il devra employer un diaphragme. Nous recommandons ce moyen comme étant presque toujours suffisant, car le diaphragme seul fournit la grande netteté

(1) M. Von Voigtlander a présenté il y a quelque temps un nouvel *Euryscope* plus lumineux que l'ordinaire. Nos essais nous ont prouvé que cette luminosité est doublée quoique la profondeur de foyer ne vaille pas celle de l'ancienne combinaison : celle-ci est cependant supérieure sous ce rapport à l'objectif à portraits. Le nouvel Euryscope convient donc parfaitement dans le but spécial de photographier l'homme et les animaux en mouvement ou tout autre objet isolé. Le *Rapide Euryscope* a 66 millimètres d'ouverture. Plus récemment, M. Von Voigtlander a présenté une nouvelle combinaison ; son objectif se compose comme l'objectif à portrait de deux lentilles de derrière séparées ; son ouverture, pour le format 13 × 18, est de 5,5 centimètres et son foyer est de 263 millimètres. Comme luminosité, la combinaison prend place entre l'objectif à portrait et l'*Euryscope ancien* ; il donne une image plus petite, a plus de profondeur de foyer que l'objectif à portrait, et convient parfaitement pour sujets isolés et pour groupes.

d'image en même temps que la plus grande surface couverte. On peut dire en général que les *Instantanées,* peuvent encore être obtenues avec un diaphragme 1/12 du foyer. L'intensité lumineuse est certes quatre fois moindre qu'avec le diaphragme 1/6 du foyer, mais on gagne beaucoup en finesse.

Nous déconseillons de *diaphragmer* plus qu'il n'est absolument nécessaire pour obtenir une netteté ordinaire; les *diaphragmes* empêchent la lumière de pénétrer abondamment dans l'objectif et le négatif perd en brillant. Il n'est guère recommandable de fatiguer les instruments et nous conseillerons toujours de se servir d'un objectif couvrant à pleine ouverture ou du moins avec les *diaphragmes* n° 2-3, la dimension demandée. A un grand objectif correspond aussi un grand foyer, l'image obtenue est aussi plus grande sans que pour cela on soit obligé de se rapprocher trop près du modèle.

Certains praticiens proposent de faire des instantanées de petits formats avec des objectifs très lumineux et d'agrandir ensuite les négatifs. Ils basent leur conseil sur la facilité relative avec laquelle on obtient les petits formats et sur la possibilité d'agrandir sans trop de déperdition, de deux à quatre diamètres la négative. Les *instantanées* de petits formats possèdent aussi plus de profondeur d'image et avec les objectifs à court foyer les mouvements du sujet à photographier se dessinent à une échelle moindre sur la couche sensible. Cependant, l'agrandissement de petits négatifs est une opération difficile et coûteuse que nous ne conseillerons pas à l'amateur, s'il n'est pas au courant des manipulations du procédé; il devient hasardeux également dans le domaine de la *photographie instantanée* la plus difficile, telle que la reproduction du vol rapide des oiseaux, ou des mouvements du cheval pris en travers.

Nous avons trouvé en général que les grands formats de l'*Antiplanat* aussi bien que les grands numéros de l'*Euryscope* conviennent parfaitement pour la *photographie instantanée* et que ces objectifs se valent.

CHAPITRE III

Du temps de pose exigé par l'Instantanéité

L'*instant* photographique, la durée d'un *instant* est une conception aussi élastique que les expressions *court* ou *long*. On appelle généralement épreuves instantanées celles qui sont obtenues par une pose qui varie de 1/10 à 1/50 de seconde. Si le sujet à photographier est en repos, le temps de pose peut atteindre 1/2 seconde; si au contraire il est animé d'un mouvement rapide, il faut réduire ce temps à 1/100 ou 1/200 de seconde et même, dans certains cas, le diminuer encore.

Lorsqu'il s'agit dans un atelier de photographier des personnes avec une pose déterminée (par exemple des enfants ou des danseuses prenant des poses difficiles), on peut exposer un temps relativement long, soit de 1/3 à 1 seconde. On guettera alors le moment où les sujets se trouvent dans une immobilité absolue. Si le sujet à photographier est animé d'un mouvement rapide, comme cela se présente chez l'homme en marche, le cheval au trot ou les navires en pleine course, la pose ne pourra être aussi longue : elle ne pourra dépasser 1/10 de seconde; et encore dans la plupart des circonstances, ce temps est déjà trop long. Une scène de rue animée doit se prendre en 1/30 ou en 1/50 de seconde; des sujets à mouvement extra-rapide comme des sauteurs, des chevaux en course ou des vagues qui déferlent, ne permettent pas plus de 1/200 de seconde d'exposition. Dans ces conditions difficiles, tout doit concourir à une action rapide et puissante sur la couche sensible : le sujet doit être bien éclairé, même au soleil, l'objectif doit être le plus lumineux possible et les plaques sèches doivent être très sensibles.

Nous avons réuni, dans le tableau qui suit, certaines indications permettant à l'amateur de préparer son travail; ce tableau est dressé d'après les observations de JACKSON.

	Vitesse par seconde.
Un homme marchant 4 kilomètres à l'heure.	1m 11.
» » 5 » » »	1 40.
Un navire filant 9 nœuds à l'heure	4 63.
» » 12 » »	6 17.
Une vague de 30 mètres sur une profondeur de 300 mètres .	6 81.
Un navire filant 17 nœuds à l'heure	8 75.
Un bateau-torpilleur filant 20 nœuds à l'heure	10 80.
Un cheval au trot.	12 00.
Un cheval de course (900 mètres à la minute)	15 00.
Un train express faisant 60 kilomètres à l'heure	16 67.
Vol du faucon et du pigeon.	18 00.
La vague fouettée par la tempête	21 85.
Train express le plus rapide	26 81.
Vol le plus rapide des oiseaux.	88 90.
Boulet de canon	500 00.

D'après ce tableau, il sera facile de déterminer le temps de pose à donner dans certains cas et du choix de l'obturateur à employer.

Rappelons-nous que plus le sujet est petit sur le verre dépoli, plus aussi son mouvement apparent sera moindre. Un objet paraîtra d'autant plus petit sur le verre dépoli :

1° Qu'il est plus éloigné de l'objectif;

2° Que le foyer de celui-ci est court.

Il s'en suit que ces deux facteurs ont une influence sur les contours de l'image soumise au déplacement apparent. D'un autre côté, il est clair que le temps de pose nécessaire pour obtenir une image nette doit être d'autant moindre que le déplacement apparent des contours de l'image sera plus considérable dans un temps donné.

Cette considération nous amène à dresser le tableau suivant :

Distance (en foyer) de l'objet à l'objectif.	Vitesse par 1 seconde.		
	1 mètre.	5 mètres.	10 mètres.
—	Temps de pose en secondes.		
100 foyers	1/100	1/500	1/1000
500 »	1/20	1/100	1/200
1000 »	1/10	1/50	1/100

La compréhension de ces données est facile.

Si, par exemple, un cheval se meut avec une vitesse de 5 mètres à la seconde devant un objectif dont il est éloigné de 1,000 foyers, l'image photographique sera suffisamment nette avec 1/50 de seconde de pose. Si le cheval n'est éloigné de l'objectif que de 100/F, le temps de pose ne pourra excéder 1/500 de seconde, c'est-à-dire la pose devra être dix fois plus courte. De là, il suit naturellement, qu'il est d'autant plus difficile d'obtenir des images nettes que les sujets se rapprochent de l'objectif : il faut alors exposer moins longtemps et ce n'est que sous des conditions très favorables de lumière et avec des couches très sensibles qu'on peut espérer de bons résultats. Plus les épreuves sont petites, ou pour mieux dire plus les figures sont petites (soit que l'éloignement de l'objet soit plus grand ou que l'objectif soit à court foyer), plus il sera facile de faire de bonnes instantanées parce que ce *moment* pendant lequel la lumière doit agir ne devra pas être aussi court. Les difficultés s'accentuent donc lorsque les figures doivent être photographiées en grand et que l'on désire beaucoup de netteté et beaucoup de détails. C'est ce qui fait comprendre pourquoi maints photographes préfèrent prendre des instantanées de petits formats et les agrandir ensuite. En exposant trop peu, on n'obtient que peu de détails dans les ombres, les épreuves obtenues ne sont que des silhouettes.

La nature de l'image influe aussi beaucoup sur la durée de l'exposition ; ainsi une marine à ciel serein est trois fois plus lumineuse qu'un paysage découvert, et vingt fois plus lumineuse qu'un paysage avec verdures à l'avant-plan.

Lorsqu'on photographie instantanément un objet en mouvement, l'épreuve obtenue n'est jamais absolument nette quoique le déplacement de l'image sur la couche sensible soit minime ; si ce manque de netteté ne dépasse pas 0,1 millimètre, ces négatifs permettront encore des agrandissements considérables et les épreuves obtenues paraissent assez nettes.

L'amplitude du déplacement de l'image ne dépend pas seulement, comme nous l'avons dit plus haut, de la vitesse dont le sujet est animé, mais encore de la distance à laquelle il se trouve de l'objectif et du foyer de celui-ci.

Pour servir de guide au commençant, nous avons réuni dans un tableau les cas les plus ordinaires que l'on rencontre en photographie instantanée et où nous indiquons approximativement le temps requis pour la pose. Nous prenons comme base la puissance lumineuse de l'*Antiplanat* et de l'*Euryscope*.

Sujets.	Temps de pose.
Des enfants ou tout autre sujet animé de ce genre. (On attendra le moment d'immobilité et on exposera avec l'obturateur à clapet)	1/5 à 1 seconde.
Chiens et chats dressés, lions au repos .	1/20 » 1/2 »
Scènes de rue, prises d'un étage, selon la grandeur des figures	1/20 » 1/50 »
Bétail au pâturage, troupeau de mouton, le ciel étant découvert.	1/20 » 1/30 »
Navires en pleine course à une distance de 500 à 1000 mètres	1/20 » 1/30 »
Navires en pleine course à une distance moindre et de formats plus grands . .	1/50 » 1/150 »
Animaux désirés à la grandeur de 3 à 5 centimètres, pris marchant en travers (scènes de jardin zoologique), n'auront des jambes nettes qu'avec une pose de	1/50 » 1/100 »
Chevaux sautant ou trottant, oiseaux au vol, homme en course, etc., exigent l'exposition la plus courte	1/100 à 1/400 à 1/1000 »

M. Henderson nous a décrit comment il s'y prend pour photographier les courses de chevaux à Derby. Les remarques faites par lui sont intéressantes et sa méthode peut servir d'exemple : comme obturateur M. Henderson emploie la guillotine sollicitée par un élastique ou encore un ruban large et sans fin glissant sur deux rouleaux dans lesquels deux ouvertures découpées en losanges se rencontrent en se mouvant en sens inverse.

Henderson fit remarquer que 1/10 de seconde de pose donnait assez nettement les hommes, mais que sa plaque n'accusait aucune trace des chevaux. Ce n'est qu'en portant cette vitesse à 1/400 de seconde que l'image des hommes et du cheval se dessine avec netteté.

D'après ce que nous venons de dire, on peut faire choix de l'obturateur. Pour les temps de pose, ne dépassant pas 1/5 à 1/10 de seconde, on peut employer comme obturateurs la simple guillotine en bois, en carton, ou le disque tournant sollicité par un faible ressort. Mais du moment où l'on est obligé de réduire davantage le temps de pose, il faut recourir à des ressorts plus puissants ou, ce qui vaut mieux, se servir d'appareils de précision dans lesquels deux ouvertures sont ouvertes et fermées avec rapidité et régularité par leur mouvement en sens inverse.

Tels sont les obturateurs de THURY et AMEY, HUNTER et SANDS, etc., qui permettent de varier la pose de 1 à 1/400 de seconde.

Avec les poses extra-rapides de 1/1000 de seconde, la photographie ne donne plus que des silhouettes (noires sur fond blanc ou blanches sur fond noir), l'action de la lumière n'étant plus assez longue pour dessiner les demi-teintes.

CHAPITRE IV

Des Obturateurs

Pour donner une exposition de 1/5 à 1 seconde, on n'a pas besoin de recourir à un appareil spécial : en ôtant rapidement le bouchon de l'objectif et en le replaçant de même, on obtient une vitesse de pose suffisante. Il vaut cependant mieux se servir d'obturateurs à mouvement lent pour photographier des modèles, dont on peut espérer une immobilité d'une fraction de seconde. On obtiendra ainsi des images parfaites dont les noirs et les demi-teintes sont complets; parmi ces obturateurs à mouvement lent, on peut citer

Figure 6. — **Chambre noire munie d'un obturateur pneumatique.**

celui à clapet de Guerry qui se lève et s'abaisse, ou celui de Londe qui se meut latéralement pour découvrir l'objectif. Ces obturateurs se fixent sur la chambre même, les mouvements d'ouverture et de fermeture, s'obtiennent par un mécanisme spécial. Une pression exercée sur une balle en caoutchouc (transmise pneumatiquement par un tuyau flexible) donne l'impulsion à celui-ci (*fig* 6).

Pour des temps de pose rapide, comme nous le disions plus haut, *il faut des instruments tout à fait spéciaux*. Un bon obturateur rapide doit remplir les conditions suivantes :

1° Il devra être très rapide ;

2° Fonctionner sans ébranler la chambre ;

3° Permettre des poses variables ;

4° Marquer la vitesse obtenue.

Presque tous les insuccès proviennent de la seconde condition qui est peu prise en considération quoiqu'étant la plus importante.

L'obturateur instantané (*fig.* 7 *et* 8) le plus simple est celui de VOGEL, il se compose d'un sac en velours noir, dont le fond enve-

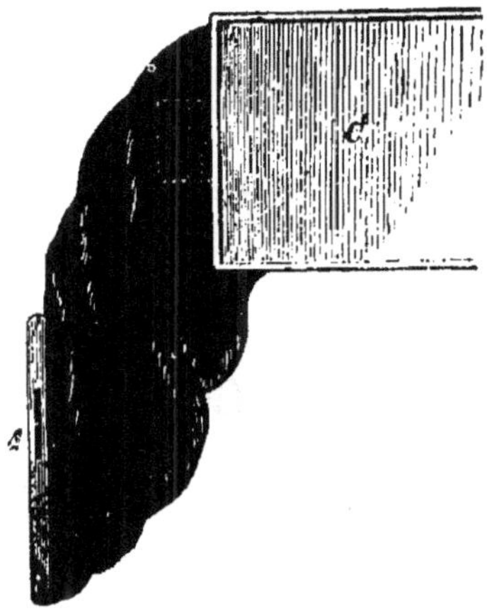

Figure 7. **Obturateur à la main.** Figure 8.

loppe le devant de la chambre munie de son objectif. Le haut est fermé par une pochette munie d'une ouverture *A* centrale et modifiable.

En soulevant le sac, de façon à le porter au-dessus de l'objectif, aucun rayon lumineux ne saurait pénétrer jusqu'à la couche sensible tandis qu'en l'abaissant, la lumière aura accès au moment où l'ouverture *A* passe devant l'objectif. Dans la position de la figure 8, le sac a opéré la fermeture de l'objectif.

On peut également présenter l'ouverture *A* devant l'objectif, la fermer et l'ouvrir au moyen d'une glissière. Ce sac en velours empêche l'ébranlement de la chambre et permet le fixage de l'obturateur sur un support indépendant.

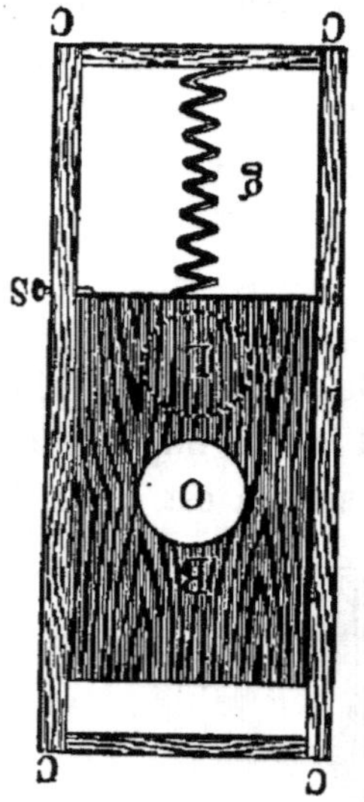

Figure 9.
Obturateur dit à guillotine.

On obtiendra cependant de meilleurs résultats en employant des obturateurs construits avec soin dont la chute est sollicitée par des ressorts et dont le déclenchement se fait automatiquement. La figure 9 nous montre un obturateur semblable dit « à guillotine », *B* est une planchette qui s'élève et s'abaisse dans le cadre *C* qui se trouve fixé sur l'objectif de la chambre marquée dans notre dessin par le pointillé *L*. Lorsque l'arrêt *S* a été éloigné, le ressort à boudin *g* ramène rapidement la planchette vers la base du cadre. L'ouverture *O*, en passant devant l'objectif, donne la pose. Les deux parties pleines de la planchette ferment celui-ci avant et après la pose.

La guillotine construite avec un cadre en métal, glissant facilement et légèrement, est seule recomman-

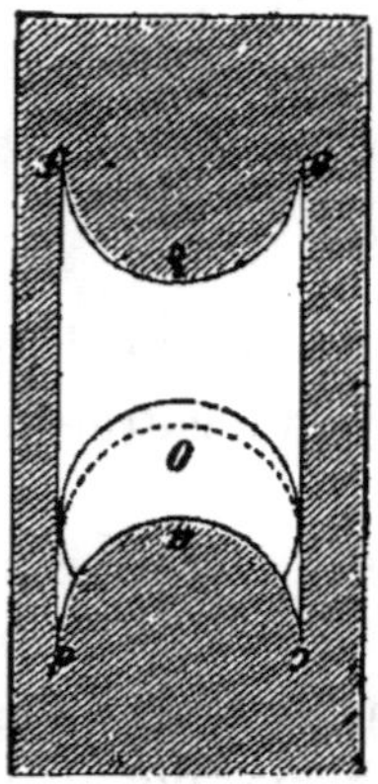

Figure 10.

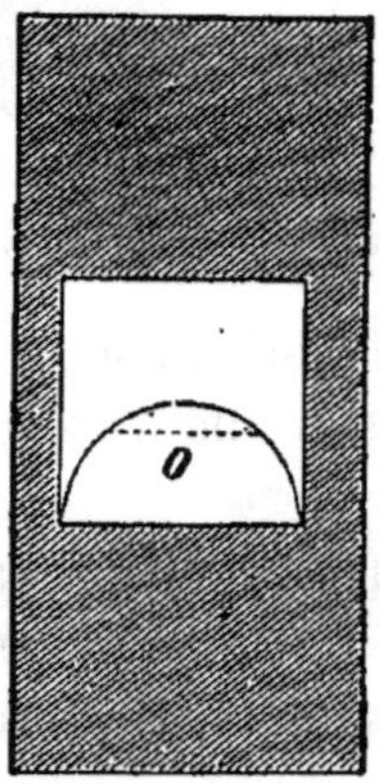

Figure 11.

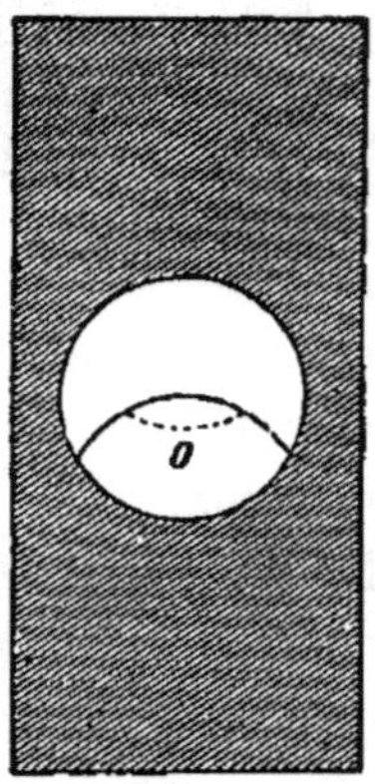

Figure 12.

Diverses formes de la guillotine.

dable. Presque toutes les autres combinaisons inventées par les amateurs, construites en bois ou en carton, sont à rejeter.

Il n'est pas indifférent de donner une forme quelconque à la guillotine. Des trois découpés (*fig.* 10, 11 *et* 12), la première, c'est-à-dire la section ronde fournit dans un temps donné le moins de rayons lumineux, la section quadrangulaire est meilleure, mais c'est la dernière que Wight recommande comme étant supérieure à toutes. Quoique la théorie fixe la place de la guillotine et de tous les autres obturateurs entre les deux lentilles de l'objectif (*fig.* 13 *et* 14), on rencontre cependant peu cette disposition. Le plus souvent, on fixe la guillotine à l'objectif au moyen d'un anneau, dispositif qui est très recommandable ; il permet de l'adapter à plusieurs parasoleils. La guillotine

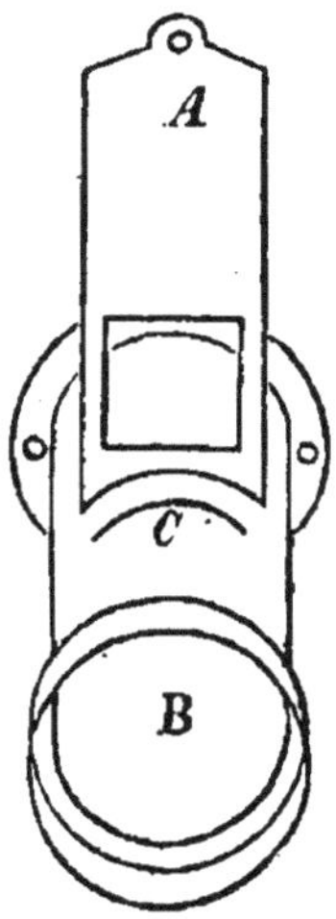

Figure 13.

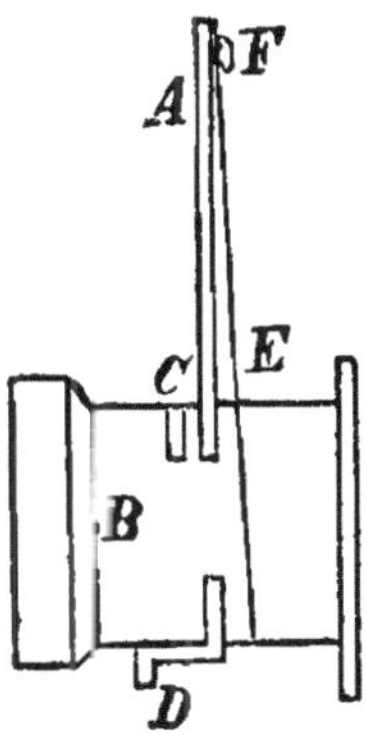

Figure 14.

Guillotine placée entre les lentilles de l'objectif.

Figure 15.

Guillotine placée sur un support séparé devant l'objectif.

ébranle cependant quelquefois la chambre et, lorsque faire se pourra, il sera préférable de la monter sur un support séparé (*fig.* 15) ; dans ce cas, elle sera reliée à l'objectif au moyen d'un petit sac en velours imperméable à la lumière.

Une autre disposition à préconiser est le déclenchement pneumatique. Pour les vitesses de 1/10 à 1/20 de seconde, la chute simple de la guillotine donne une exposition convenable. D'après les lois de la chute des corps, il est certain que de plus haut se fera cette chute, plus grande sera la vitesse acquise. L'exposition sera d'autant plus courte que l'ouverture de la guillotine sera placée au-dessus de celle de l'objectif.

L'ouverture de la guillotine et celle de l'objectif étant de 40 millimètres, l'exposition pendant la chute sera de 1/16 de seconde si l'ouverture de la guillotine se trouve placée à 2 centimètres au-dessus de celle de l'objectif. La vitesse d'exposition sera de 1/27 de seconde si cette distance est de 6 centimètres. Elle deviendra de 1/50 de seconde avec une distance de 20 centimètres.

Pour une ouverture d'objectif de 60 millimètres, ces coefficients deviennent 1/10, 1/18 et 1/33 de seconde. L'ouverture plus grande de la guillotine admet l'entrée de la lumière pendant plus longtemps. En sollicitant la chute de la guillotine au moyen d'élastiques, on peut augmenter jusqu'à quatre fois la vitesse de la chute. Ainsi une guillotine de 7 centimètres d'ouverture donnant une vitesse de 1/3 de seconde avec chute libre, nous a donné successivement des poses de 1/50 à 1/64 de seconde suivant que nous

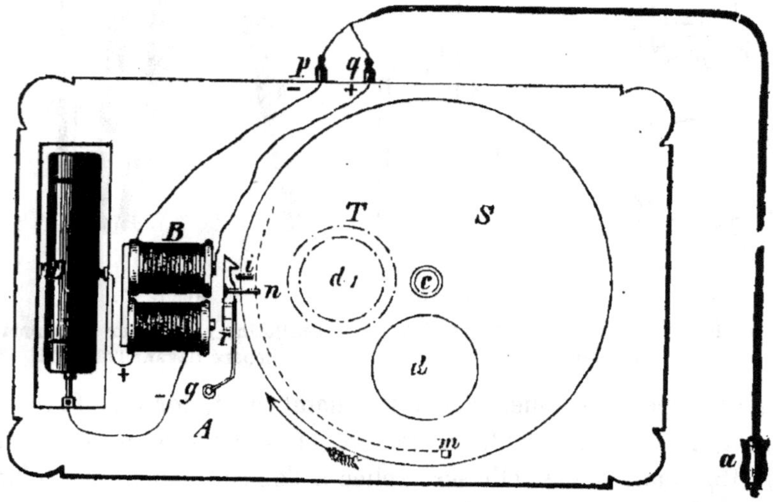

Figure 16. — Obturateurs à disque rotatif avec déclenchement électrique.

avons employé un ou plusieurs élastiques. Lorsqu'on atteint des vitesses de chutes aussi grandes, il est recommandable de faire construire la guillotine toute en métal, les constructions en bois éclatant ou se détériorant rapidement.

Un second système d'obturateur instantané est le disque rotatif. Nous allons décrire celui du Dr Stein (*fig.* 16) qui est à déclenchement électrique. Quant à nous, nous préférons le déclenchement pneumatique comme étant plus pratique dans l'emploi journalier. Le disque *S* pivote par le centre *c*. En *d* se trouve l'ouverture de l'objectif et le disque est également perforé en *d*. Lorsque le disque déclenché se meut dans le sens de la flèche, l'ouverture *d* passe devant l'ouverture de l'objectif, et la pose a lieu. Le crochet de retenue se déclenche au moyen de l'électro *B* aussitôt que le circuit *p* et *q* se trouve fermé par le bouton *a*. En *D* se trouve une petite pile électrique.

L'obturateur instantané de MM. Thury et Amey de Genève (*fig.* 17) est universellement apprécié. Il se fixe en lieu et place des diaphragmes ou pour mieux dire deux montures remplaçant celle de l'objectif prennent sur le devant et sur le derrière la combinaison des lentilles. L'obturateur se compose d'une boite allongée en métal dans laquelle se meuvent en sens inverse des plaques métalliques percées d'ouvertures mi-circulaires. L'exposition a lieu lorsque ces deux ouvertures passent en même temps devant l'ouverture de l'objectif, avant comme après, celle-ci se trouve hermétiquement

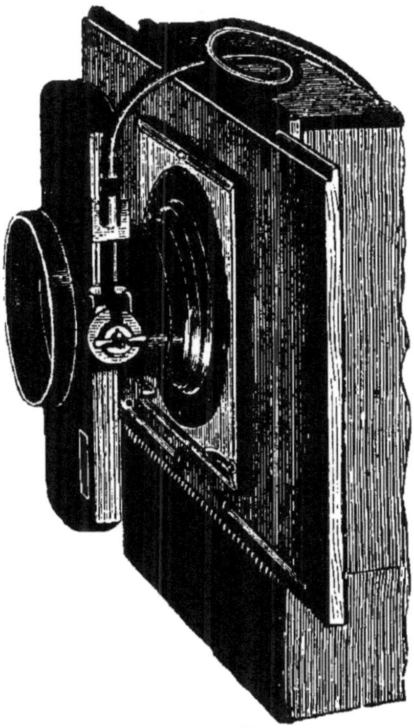

Figure 17.
Obturateur central de MM. Thury et Amey.

obturée. Un ressort assez puissant sollicite le mouvement de ces plaques et le temps de pose peut être réduit à 1/200 ou 1/250 de seconde. Sur le côté de la figure, on voit le déclenchement pneumatique ainsi qu'un frein qui, agissant sur les plaques, en retarde la chute et augmente le temps de pose. Nous pouvons recommander l'obturateur THURY et AMEY en toute confiance, en ayant fait l'essai maintes fois sans qu'il nous ait montré un défaut de construction. Si l'amateur désire faire l'achat de cet obturateur, il enverra ses objectifs aux constructeurs genevois; ceux-ci combineront les diverses montures et laisseront un emplacement pour les diaphragmes.

Il existe encore quantité d'autres obturateurs, mais il n'entre pas dans le cadre de cet ouvrage d'en donner une description qui a été faite ailleurs. Nous voulons seulement indiquer quelques points de repère et donner le bon conseil de ne pas se préparer des désillusions multiples par l'emploi d'obturateurs peu sûrs ou défectueux.

CHAPITRE V

I. — Essais des Appareils pour Instantanées et détermination de la vitesse d'un Obturateur

Lorsqu'on a fait l'acquisition d'un des objectifs décrits page 10, ou que l'on s'est adressé à un opticien en renom, on peut être presque certain que les lentilles donneront ce que l'on attend d'elles, garantie qui n'est pas fournie par les obturateurs mal construits. L'on fera l'expérience suivante : pour se rendre compte si un obturateur ébranle la chambre, on tournera la chambre noire vers une maison ou un grillage bien éclairé, on mettra soigneusement au point en utilisant même les diaphragmes n° 2 ou n° 3 ; après exposition par le déclenchement de l'obturateur, la glace développée devra accuser des châssis de fenêtre et des barreaux absolument nets. Les mauvais obturateurs en ébranlant l'appareil ne donnent que des lignes doublées dans le sens horizontal ou vertical, quelquefois même déplacées dans tous les sens.

Si l'obturateur résiste à cette épreuve, on fera un autre essai pour examiner ses qualités lorsqu'il s'agira de photographier des objets en mouvement. On se placera à la fenêtre d'un premier ou d'un deuxième étage et l'objectif sera dirigé autant que possible dans l'axe de la rue. On mettra au point le second avant-plan en négligeant le tout premier ; après exposition, l'obturateur devra donner d'une façon bien nette les objets en mouvement. Si les animaux ou les hommes en marche sont doublés, on pourra en conclure que la vitesse de l'obturateur est insuffisante et il faudra aviser au moyen de l'augmenter, car, dans la plupart des cas, une netteté aux seconds plans ne saurait contenter l'amateur. Si la construction de l'obturateur permet de modifier sa vitesse, on augmentera celle-ci et l'on prendra plusieurs négatifs; on se rendra ainsi compte de la vitesse exigée. Il n'est pas recommandable d'exposer moins qu'il n'est absolument nécessaire.

II. — Détermination de la vitesse des Obturateurs

Le temps qui s'écoule entre l'ouverture et la fermeture d'un obturateur doit être connu. On doit pouvoir donner le temps de pose exigé par le modèle à photographier, sinon il faudra s'abstenir de faire certaines instantanées si l'on ne peut déterminer la vitesse de l'obturateur.

Pour les obturateurs à vitesse variable, on fera bien de dresser des tables qui donneront la tension du ressort (1).

A cet effet on suivra notre méthode que voici (2) :

Un aide, placé dans une chambre obscure, tient en main, le bras tendu, un fil de magnésium incandescent, auquel il imprime un mouvement de rotation de façon à faire une évolution entière par seconde. L'opérateur compte également les secondes, et dès qu'il juge le mouvement uniforme et normal, il fait fonctionner l'obturateur. Au développement de la glace sensible, on obtiendra un segment de cercle absolument net et visible. On prend alors le diamètre du cercle décrit et on le rapporte sur le papier. On y trace le segment photographié et on cherche à l'aide d'un rapporteur gradué quelle fraction du cercle entier ce segment représente.

(1) L'obturateur Thury et Amey indique sur le barillet, renfermant le ressort, la vitesse obtenue en fraction de seconde.

(2) Publiée pour la première fois dans le *Bulletin de l'Association belge de Photographie*, 1882, p. 285.

Nous allons détailler cette méthode par un exemple. On déterminera par exemple le diamètre *A C*, de la circonférence (*fig*. 18) sur le verre dépoli; pour cela l'aide tiendra à bras tendu deux points lumineux dans le même plan que celui du verre dépoli. Si alors on fait décrire au fil de magnésium la circonférence, on peut photographier le segment *A B*. Comme celui-ci forme la dixième partie du cercle décrit par le bras de l'aide, on peut déterminer le temps de pose à 1/10 de seconde.

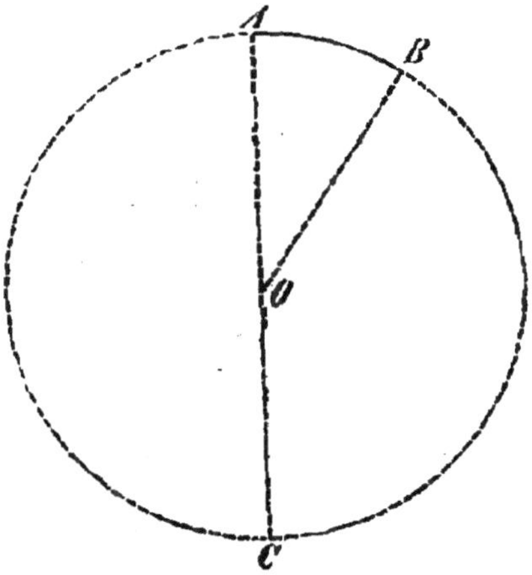

Figure 18.
Calcul de la vitesse d'un obturateur.

La précision de cette méthode est largement suffisante dans les cas ordinaires.

On a décrit encore d'autres appareils ingénieux, quoique plus compliqués, pour mesurer la vitesse d'un obturateur. Nous en décrirons les plus importants.

Une grande précision est donnée par l'appareil de M. A. LONDE. Celui-ci (*fig*. 19) se compose d'une planchette de guillotine, sur laquelle est fixée un papier enfumé. En faisant vibrer un chronographe, portant le stylet, synchroniquement avec un diapason dont le mouvement est entretenu au moyen de l'électricité, et en laissant tomber la guillotine, le stylet vient enlever sur son parcours le noir de fumée. Connaissant le nombre de vibrations du diapason et comptant le nombre de traits inscrits sur le papier, il est très simple d'en déduire la valeur du temps de pose Plus la chûte est lente, plus le nombre de vibrations enregistrées sera grand. La figure 19 nous montre le résultat d'un essai. Le stylet fait 100 vibrations à la seconde, 6 de ces vibrations se sont tracées pendant la chute de la guillotine, donc l'exposition aura été de 6/100 de seconde. En réduisant l'ouverture de la guillotine, on peut obtenir à la même vitesse une exposition de 2/100 de seconde.

La méthode du diapason, recommandée par le Dr Landy, est plus simple, tout en donnant exactement les mêmes résultats. Comme on le sait, le diapason donne un nombre déterminé de vibrations à la seconde. L'intervention des appareils électriques si coûteuse n'est pas nécessaire. Pour la note C_3, le diapason donne 256 vi-

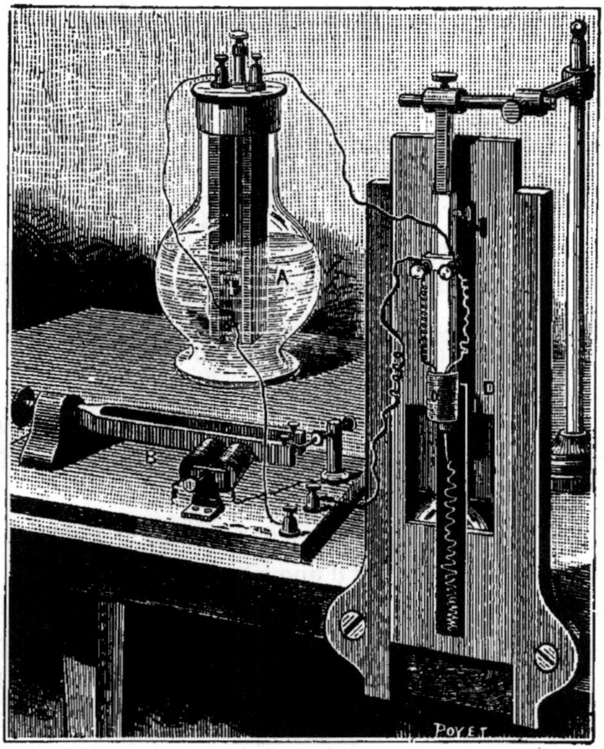

Figure 19. — Chromographe pour déterminer la vitesse d'un obturateur.

brations, pour G 384 et pour C_4 512. En munissant l'une des fourches d'un de ces diapasons, que l'on rencontre dans tous les cabinets de physique, d'une petite pointe légère, et en faisant vibrer le diapason, celle-ci ira tracer sur un papier *ad hoc*, le nombre de vibrations. Si ce papier enfumé se trouve fixé sur l'obturateur lui-même, la ligne en zig-zag formée sur la pointe, permettra de calculer, tout comme dans l'expérience précédente, le temps de pose. La figure 20 montre la disposition de la guillotine

Figure 20. — **Détermination de la vitesse d'un obturateur.**

et du diapason. Supposons que l'ouverture de l'appareil ait 8 centimètres et que la pointe, adaptée à un diapason qui donne

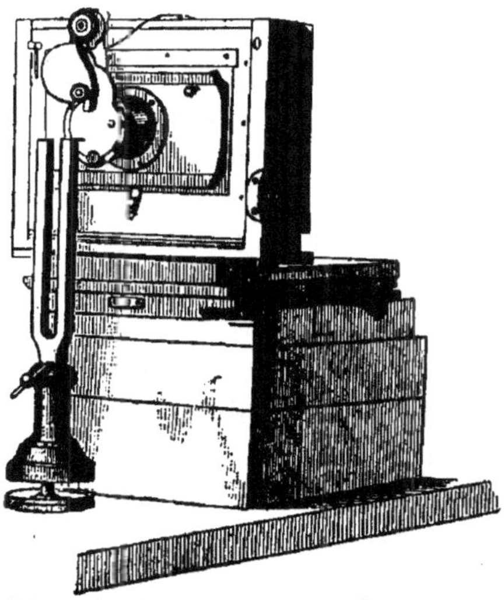

Figure 21. — **Détermination de la vitesse d'un obturateur rotatif.**

256 vibrations à la seconde, ait marqué 20 traits. Le temps de pose, donné par un obturateur à rotation, se détermine de la même façon que cela est indiqué dans la figure 21.

CHAPITRE VI

Le Fusil photographique, le Revolver photographique et divers Appareils minuscules

Pour photographier avec précision des oiseaux ou d'autres animaux à mouvements rapides, on a donné à l'appareil photographique la forme d'un pistolet (SKAIFE 1868), d'un revolver (ENJALBERT 1882) ou d'un fusil (MAREY 1882, HUNTER et SANDS 1883, FOL 1884). On vise l'objet en mouvement et, au moyen d'une gâchette, on déclenche l'obturateur au moment voulu. Ces appareils méritent d'être pris en considération, quoiqu'ils soient d'un usage limité et que l'on ne doive s'attendre à des résultats que lorsqu'ils sont maniés avec adresse.

I. — LE REVOLVER PHOTOGRAPHIQUE D'ENJALBERT.

L'appareil de M. ENJALBERT a la forme d'un revolver de poche, mais, au lieu de lancer des balles meurtrières, il sert à produire des petits négatifs de 4 centimètres de côté. Le photo-revolver est imperméable à la lumière et permet de suivre facilement l'objet en mouvement. Le n° 1 de la figure 22 montre, à l'échelle de 1/3, une vue d'ensemble, le n° 2 nous en donne la coupe.

Le canon tient lieu de soufflet, il renferme un objectif rectilinéaire rapide de 0,012 millimètres de foyer. La chambre noire cylindrique renferme l'obturateur *A* et le porte-châssis *C*. L'obturateur *A* est un disque tournant librement sur son axe et percé d'une ouverture *B* : un petit mouvement d'horlogerie l'entraîne et, au moment du déclenchement, donne une pose rapide. En tournant le barillet *G*, on arme l'obturateur et on présente la glace sensible devant l'objectif obturé; en pressant la gâchette, on découvre

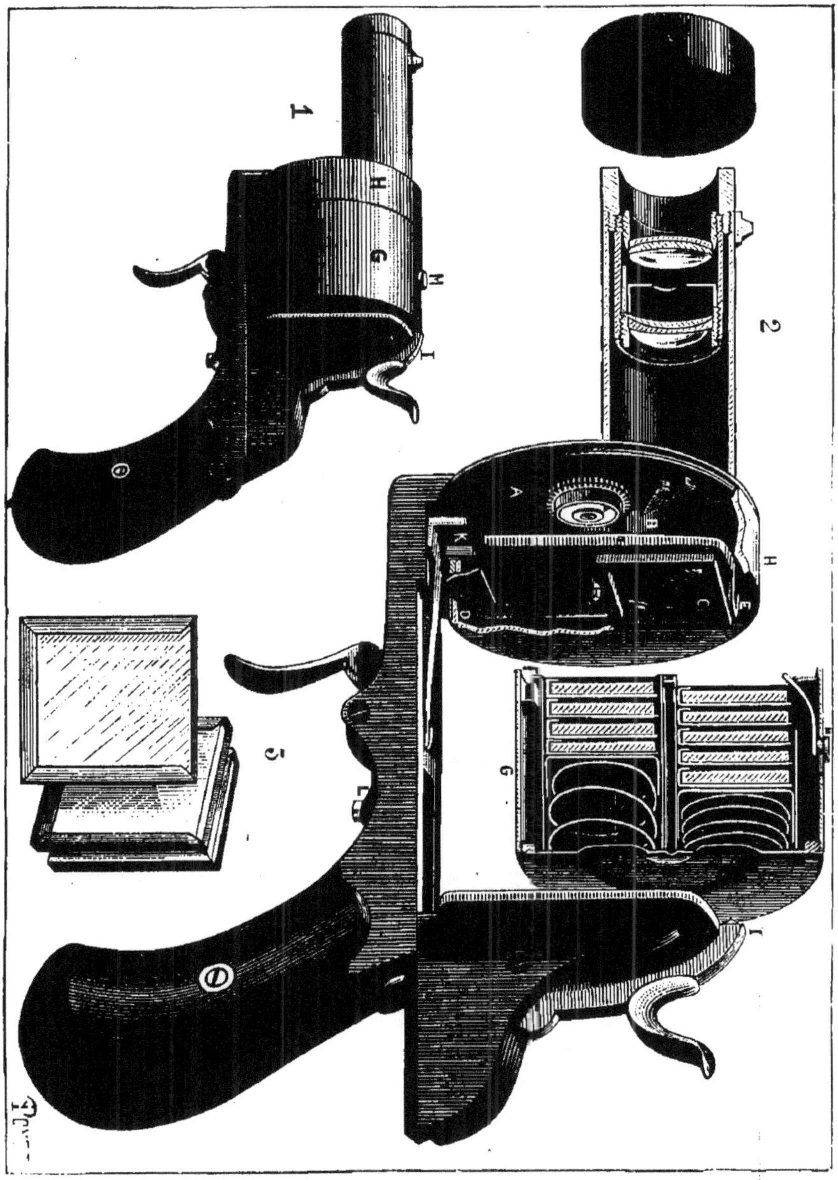

Figure 22. – **Revolver photographique de M. Enjalbert.**

celui-ci. La glace exposée est ensuite reprise dans la seconde chambre du barillet qui sert de magasin. La glace sensible elle-

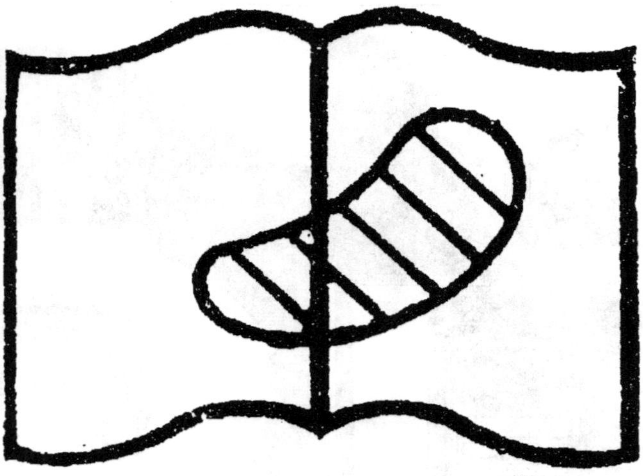

Illisibilité partielle

même est maintenue dans les petits châssis (*fig.* 22, n° 3). Le revolver photographique a le désavantage d'effrayer les personnes sur lesquelles il est braqué; de plus, l'innocent photographe s'expose au désagrément d'une méprise de la part des agents de l'autorité. Les essais que nous avons fait avec cet appareil n'ont pas été très heureux, les images n'étaient pas toujours fort nettes.

II. — LE FUSIL PHOTOGRAPHIQUE.

Le fusil photographique est plus complet que le photo-revolver; il a été construit par M. Marey, et sert spécialement à l'étude du vol des oiseaux, étude que l'éminent académicien poursuit avec tant de succès. L'idée première de cet appareil se rencontre peut-être dans le télescope photographique, avec lequel M. Janssen photographia le passage de Vénus.

D'après les données de Marey, le Dr Fol, de Genève, construisit un fusil qui donne des images de 9 × 10 centimètres. Ce fusil contient 12 plaques; l'objectif est un *Antiplanat* de Steinheil, de 2 1/2 centimètres d'ouverture, avec un foyer de 14 1/2 centimètres. L'obturateur ressemble à celui de Thury et Amey. La chambre se compose d'un soufflet *ss* (*fig.* 23). Elle est partagée

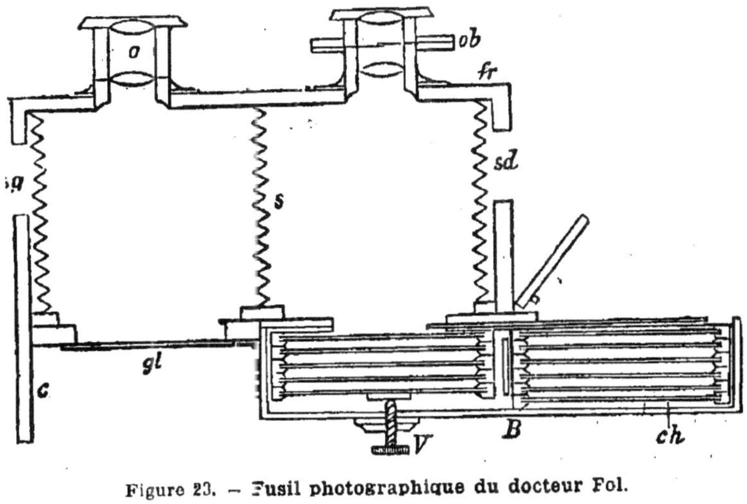

Figure 23. — Fusil photographique du docteur Fol.

par une séparation *S*, en deux parties étanches. La partie de gauche *s g* forme en quelque sorte une seconde chambre. L'objectif *O* dessine l'image sur le verre dépoli *g l*. La partie de droite, munie d'un objectif avec obturateur, sert à obtenir l'image latente sur les glaces sensibles renfermées dans le dispositif *B*. La planchette de devant *f r* porte les deux objectifs. Un cadre large *C* forme le fond de la chambre, il porte la glace dépolie et le magasin à glaces sensibles, au nombre de douze.

Chaque glace est renfermée dans un petit châssis en bois et séparée de la suivante par une mince plaque en métal qui empêche la lumière d'atteindre la seconde glace. Lorsqu'une glace a posé, on lâche la vis *V*, on incline l'appareil vers la droite, ce qui la fait glisser dans le magasin de droite. En resserrant la vis *V*, on reporte la seconde glace au foyer et l'on peut entreprendre une seconde pose.

La mise au point se fait au moyen d'un chariot (*fig.* 24) formé de deux cadres en métal.

L'un des cadres *Ci* se fixe à la partie de devant de la chambre portant les roues dentées *r* et *R* et la tige à pignons *P*; sur les côtés, deux rebords permettent à l'autre cadre C S de glisser dans une rainure : sur celui-ci se fixe la partie postérieure de la chambre. Le châssis *C S* porte deux crémaillères.

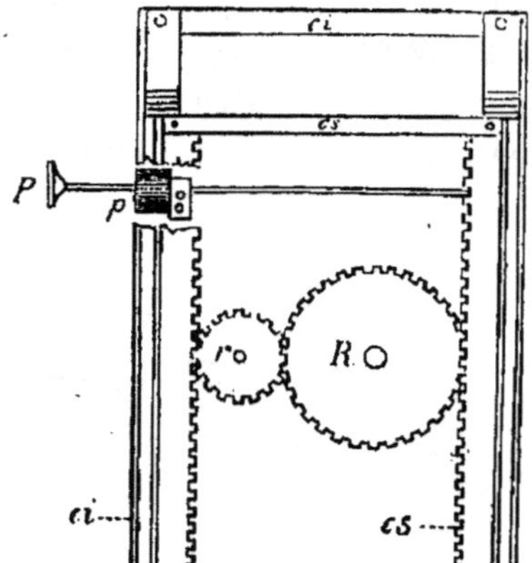

Figure 24.
Chariot du fusil photographique.

En tournant la tige *P*, on provoque la marche du cadre en avant ou en arrière et l'on obtient la mise au point. Mais en suivant le mouvement des objets, le point se déplace rapidement; il convient donc de le rétablir sans beaucoup de difficulté, ce qui se fait au moyen des roues *r* et *R*.

En effet, en tournant légèrement la roue *r* on obtient un mouvement amplifié de la roue *R*, laquelle le transmet à la crémaillère du cadre *Ci* et le point est retrouvé. L'appareil se place sur un support (*fig.* 25), composé de quatre lattes en bois qui, pliées, forment une espèce de crosse de fusil ; dans sa partie principale se trouve un tuyau cylindrique. Un piston *ip* y glisse, poussé par le ressort à boudin *SP* ; en portant la gachette *ch* vers l'arrêt *g*, on tend ce ressort et entre le piston *ip* et le bout du tuyau, il se forme une chambre d'air. Le bout du tuyau est relié à l'obturateur de l'objectif par un tube flexible. En déclenchant *ch*, le piston sollicité par le ressort chasse devant lui l'air qu'il comprime et l'obturateur entre en fonction.

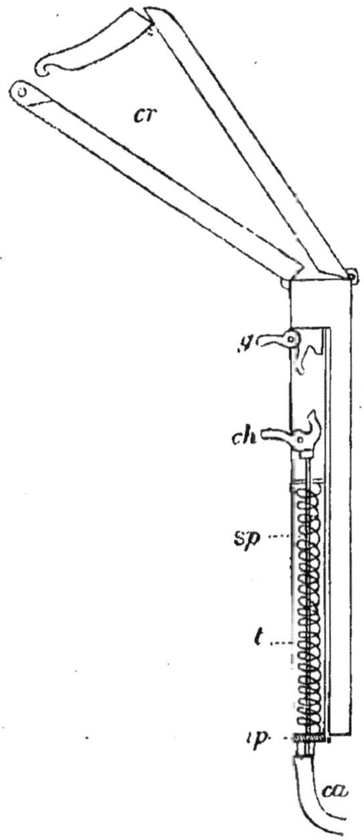

Figure 25.
Crosse du fusil photographique.

Le maniement de tout l'appareil est donc facile. Lorsque le magasin à glace est dans la position voulue, l'obturateur armé, la mise au point préparée et le déclenchement au cran d'arrêt, on épaule le fusil (*fig.* 26). On vise alors le modèle à photographier et l'on suit son mouvement sur le verre dépoli. Un léger mouvement de la main gauche au bouton *r* rétablit le point et le maintient. Au moment voulu, l'indicateur de la droite presse la gâchette *g* et l'obturateur fonctionne.

Il suffit alors de deux mouvements, l'un à droite, l'autre à gauche, pour changer la glace sensible, et, après armement de l'obturateur, on est prêt pour une nouvelle exposition.

On obtient avec les supports sensibles qui se trouvent aujourd'hui dans le commerce, des négatifs parfaits pleins de détails si l'on opère en plein air, par un beau temps, en été ou vers l'heure de midi. Sous d'autres conditions, l'action lumineuse n'est pas assez puissante pour impressionner la pellicule sensible dans un temps de pose aussi minime.

L'appareil du Dr Fol possède de grands avantages sur d'autres appareils similaires présentés jusqu'à ce jour. Cependant il est indubitable que les dispositifs et les appareils de Muybridge et de Marey sont les seuls qui puissent fournir des indications précieuses et complètes sur la mécanique des mouve-

Figure 26. — **Le fusil photographique en fonction.**

ments des animaux, le vol des pigeons, la marche de l'homme, des quadrupèdes, etc. La succession des diverses positions prises par un animal en mouvement, photographiées à de courts intervalles sur une même plaque, est certes plus instructive que les épreuves obtenues par l'appareil du Dr Fol. D'un autre côté, la méthode de MAREY limite l'observation aux animaux qui se présentent devant l'objectif dans un plan déterminé, tandis que le fusil photographique permet d'aller chercher des plans divers. Nous signalerons quelques sujets photographiés en excursion par le Dr FOL; le lecteur se rendra mieux compte des résultats que l'appareil donne.

Nous avons vu des clichés photographiques représentant des mouettes se précipitant sur une proie, un chien se tenant en équilibre sur trois pattes, un chien se grattant, deux coqs s'élançant l'un sur l'autre, des petites filles sautant à la corde, des

Figure 27. — **Photographie instantanée prise avec le fusil du docteur Fol.**

garçonnets jouant à saute-mouton sans qu'ils se doutent qu'ils ont été photographiés, des oiseaux de proie, etc., etc. La figure 27 est une reproduction d'un cliché retraçant le vol du pigeon au moment où il quitte le colombier.

III. — PETITS APPAREILS A LA MAIN

Depuis quelque temps, certains constructeurs ont combiné des appareils qui se mettent facilement en poche et qu'on tient à la main pendant la pose. Il est indispensable lorsqu'on se sert de ces appareils de mettre rapidement au point et de prendre le sujet au milieu du verre dépoli. A cet effet, ils sont munis d'un point de mire et l'obturateur qui se trouve sur le devant de la chambre se déclenche soit pneumatiquement, soit à la main. Parmi ces appareils minuscules nous rencontrons *la chambre de Marion* (*fig.* 28). Les négatifs que cet appareil permet d'obtenir n'ont que

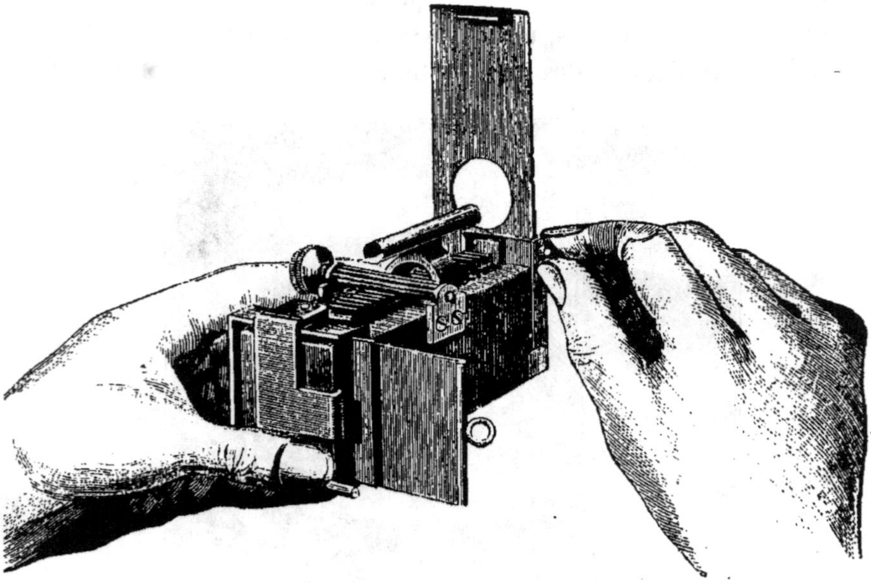

Figure 28. — **Chambre de Marion.**

3 centimètres carrés. Un tube placé sur la chambre permet de viser le modèle et une guillotine, glissant sur le devant de l'appareil, sert d'obturateur. Elle se déclenche à la main. Une crémaillère amène le point. Les châssis ainsi que tout le dispositif sont en métal.

Les résultats que la *chambre de Marion* donne ne sont pourtant pas d'une valeur bien grande; son prix est relativement minime.

Si l'amateur est libre de faire son choix, il fera bien de s'arrêter au moins à un appareil de 9 × 12 c. m. qu'il fera porter par un trépied ou par un tout autre moyen d'attache sérieux.

Nous pouvons encore citer parmi les appareils instantanés

présentant une disposition ingénieuse, *la jumelle photographique* (*fig.* 29) : l'un des deux corps de la jumelle est muni d'un verre dépoli N qui facilite la mise au point ; à l'autre se trouve adapté un petit réservoir pour supports sensibles. La jumelle photographique donne parfois de très bons résultats, mais de tous

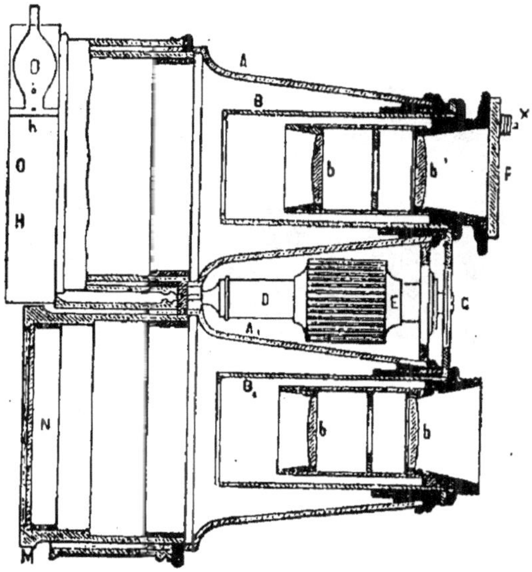

Figure 29. — **Jumelle photographique.**

les appareils de ce genre le seul qui mérite d'être pris en considération, c'est le photo-chapeau de J. De Neck (*fig.* 30).

Cet appareil se compose d'un chapeau de feutre à fond plat, contenant dans sa partie supérieure un tout petit appareil photographique complet.

Les plaques ou pellicules sensibles renfermées, chacune dans un petit châssis de cuivre, sont introduites dans l'appareil par la porte d'arrière P ; elles sont toujours amenées automatiquement au foyer de l'objectif par la pression des ressorts R attachés à cette porte.

L'appareil est fixé dans le chapeau à l'aide d'une glissière G et d'un taquet T, après avoir au préalable armé l'obturateur instantané D et démasqué l'objectif.

La lentille de l'objectif vient se placer exactement dans l'axe et contre un petit ventilateur H, comme il en existe ordinairement dans ces sortes de chapeaux; celui-ci étant mis sur la tête, il

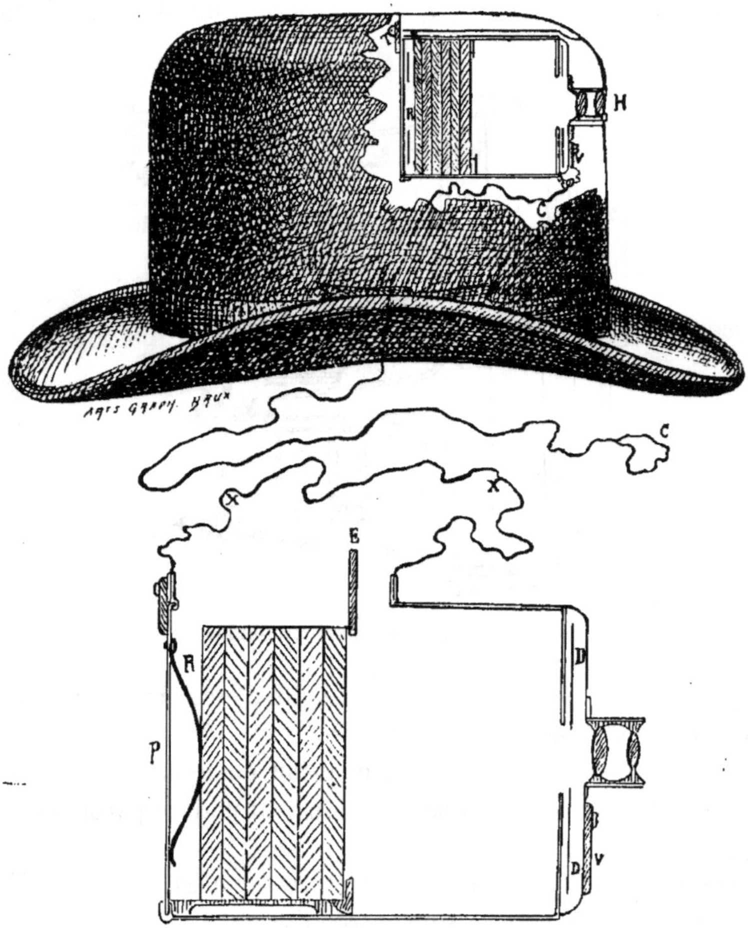

Figure 20. — **Photo-Chapeau de M. J. de Neck.**

suffit alors de tirer légèrement le cordon C qui est fixé au petit levier V pour faire fonctionner l'obturateur instantané D.

Tout sujet passant alors dans le champ visuel de l'opérateur sera photographié instantanément.

Après quelque temps de pratique, l'on arrive à apprécier rapidement la position à donner au chapeau ainsi que la distance à laquelle il faut se placer du sujet pour l'obtenir à une grandeur donnée.

L'exposition ayant eu lieu, l'appareil est retiré du chapeau, l'objectif fermé et la plaque est changée de place : à cet effet, on la soulève à l'aide de l'extracteur E jusqu'à ce qu'on puisse la saisir entre les doigts, on la transporte ensuite à l'arrière de l'appareil ; on abaisse l'extracteur E à sa place primitive, après quoi l'on enfonce cette plaque exposée entre les ressorts R de la porte et les autres glaces que contient l'appareil.

Ces opérations ont lieu par l'intermédiaire et de l'extérieur de la poche X, imperméable à la lumière, qui ferme complètement la petite chambre noire.

L'obturateur étant de nouveau armé, et l'objectif démasqué, l'appareil est de nouveau prêt à fonctionner.

Si l'on désire prendre la photographie d'un intérieur peu éclairé, l'on peut donner une pose plus ou moins longue en portant l'obturateur à un cran d'arrêt spécial et en se servant alors du Photo-Chapeau comme d'un appareil ordinaire.

IV. — CHAMBRE NOIRE POUR INSTANTANÉES AVEC ICONOMÈTRE

L'emploi d'un trépied est indispensable lorsqu'on aborde des formats un peu considérables. La chambre et l'objectif ont un certain poids et, pour obtenir des épreuves absolument nettes, il faut éviter le moindre ébranlement.

Les chambres d'un certain volume ne permettent pas non plus à l'opérateur de viser les sujets et il risque fort de ne pas les prendre dans le champ du verre dépoli.

Pour assurer la certitude de pose au moment voulu, on fera bien de munir l'appareil d'un iconomètre.

En tournant l'appareil sur lui-même, on cherche au moyen de celui-ci le sujet à photographier et au moment voulu, c'est-à-dire au moment ou le modèle se montre dans le champ de l'iconomètre, on fait jouer l'obturateur.

La figure 31 nous montre une chambre munie de son iconomètre. Cet iconomètre ou chercheur est disposé de telle sorte que toute image ou portion d'image formée sur le verre dépoli est également visible à travers son ouverture. Il se compose d'une boîte longue et carrée fermée du côté du verre dépoli par un ou plu-

Figure 31. — Chambre noire munie d'un iconomètre ou chercheur.

sieurs croisillons qui permettent de repérer. Avant la pose, on met au point sur le plan que le sujet en mouvement doit traverser et au moment où celui-ci se présente dans le champ optique de l'iconomètre, l'obturateur sera déclenché.

V. — L'APPAREIL DIT « DETECTIVE CAMERA ».

Les procédés actuels exigent une pose très courte, ils permettent donc de surprendre les personnages sans que ceux-ci s'en doutent. Il est cependant bon, dans certains cas, de cacher l'appareil photographique lui-même afin de ne pas éveiller l'attention du modèle et de le laisser dans une complète ignorance de ce qui va se passer.

M. Bolas dissimule dans un petit coffre une chambre munie d'un objectif à très court foyer dont la mise au point ne se fait pas comme à l'ordinaire. Le verre dépoli n'y est pas mis en usage, car le temps qui s'écoule pour y substituer les châssis est assez considérable pour permettre au sujet de se déplacer ou même de s'éclipser totalement. L'inventeur de ce dispositif, appelé à juste titre *Détective Camera* (*fig.* 32), adapte à la petite chambre un second objectif qui, tout en servant d'iconomètre facilite, au moyen d'une glace inclinée, une mise au point rigoureuse. Dans le dessin ci-contre, l'objectif *B* est celui qui sert à photographier, tandis que l'objectif *A* ne sert qu'à la mise au point. L'opérateur surveille par l'ouverture *E* le sujet et au moment voulu il déclenche l'obturateur *C* par une pression pneumatique. Le transport aisé de l'appareil est assuré au moyen d'une courroie *D*. En disposant devant l'objectif *B* un prisme ou un petit miroir, on pourrait photographier de côté, ce qui endormirait encore davantage la méfiance du modèle.

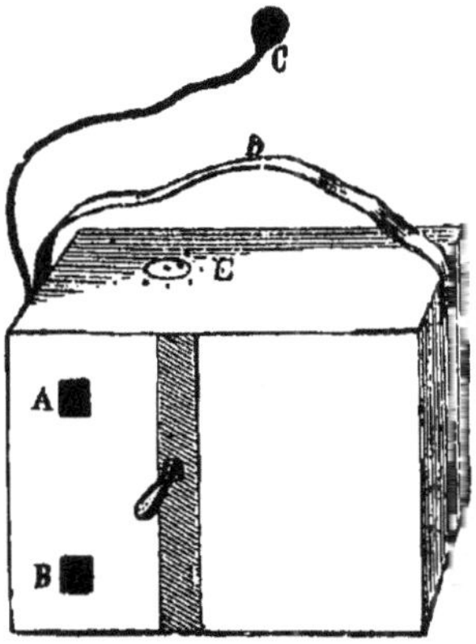

Figure 32.
Appareil dit "Détective Camera"

La chambre représentée par la figure 33 et nommée *Détective américaine* ressemble beaucoup à l'appareil de M. Bolas.

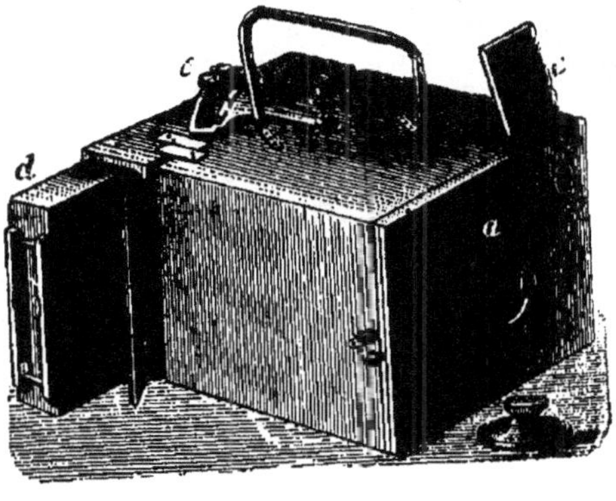

Figure 33. — **Détective Camera américaine.**

A est l'objectif muni de son obturateur instantané. Par l'ouverture *B* et à l'aide du miroir *C*, l'opérateur suit le sujet à photographier. La surface sensible enfermée dans un châssis *d*, forme le fond du coffret. Ce fond est mobile pour que la mise au point, faite par le levier *l*, puisse être surveillée. La chambre *détective de Smith* ne pèse pas plus de trois livres anglaises, elle est assez petite pour être mise facilement sous le bras. Très en vogue auprès des touristes photographes américains, elle est devenue le compagnon indispensable des Baëdecker et des guides Joanne.

Figure 34. — **Instantanée prise avec le " Détective Camera ".**

La figure 34 nous donne un spécimen d'épreuve obtenue au moyen de cette chambre par M. Anthony de New-York. Le nom de *Détective Camera* donné à ses chambres tire son origine de l'emploi qu'en fait la police secrète à qui elles rendent de grands services. Une maison de banque à Paris s'en sert même pour fixer les personnes présentant des valeurs suspectes ou fausses. Jamais, comme on le voit, nom ne fut mieux donné.

VI. — La chambre « Artiste »

(Academy Camera.)

On peut classer cet appareil dans la même catégorie que les chambres décrites plus haut. Il permet à l'artiste de saisir rapidement un sujet et le dispense d'avoir recours au crayon. Les négatifs obtenus ont généralement de 3 à 8 centimètres de côté. L'appareil se tient à la main ou est épaulé pour rendre son immobilité plus assurée pendant la pose. Quoique nous admettions qu'il soit possible d'obtenir des épreuves passables avec des appareils tenus à la main, nous croyons cependant pouvoir affirmer que les résultats obtenus ne sont ni constants ni sérieux. Nous avons rencontré plus de résultats négatifs, plus d'images floues que de clichés utilisables et presque tous ces appareils ne doivent être considérés que comme des jouets.

CHAPITRE VII

Des opérations photographiques.

Bien que la fabrication des plaques sèches, leur développement et leur traitement subséquent n'entrent pas dans le cadre de cet ouvrage, nous allons cependant indiquer ce qu'il y a de plus utile à connaître au sujet des manipulations nécessitées par la photographie instantanée. Le photographe fera choix d'une marque de plaques sur la bonne fabrication et la sensibilité desquelles il pourra compter. S'il désire fabriquer lui-même ses couches sensibles, nous le renvoyons à la formule de Scolik que nous donnerons plus loin (1) et à l'ouvrage : *Théorie et pratique du procédé au gélatino-bromure d'argent*, par le Dr J. M. Eder. Paris, Gauthier-Villars.

(1) On fera dissoudre dans des flacons séparés :

A. —	20 gr. . .	bromure ammonique.
	2 1/2 gr. .	iodure potassique.
	40 gr. . .	gélatine dure de Wintherthur
	250 cc. . .	eau.
B —	30 gr. . .	nitrate d'argent.
	250 cc. . .	eau.

Solution à laquelle on ajoute autant d'ammoniaque qu'il en faut pour dissoudre le précipité noir formé.

On fait dissoudre *A* au bain-marie en maintenant la solution à 40°. On ajoute dans l'obscurité sous forme de pluie *B* à *A*. Le mélange obtenu est laissé digérer à 55° pendant trois quarts d'heure en ayant soin de secouer le flacon cinq à six fois. On verse alors la solution gélatineuse dans une cuvette où elle fait prise, on la laisse mûrir dans cet état pendant 10-12 heures. Puis on la lave. Cette émulsion est très rapide, si elle accuse du voile on aura soin d'ajouter avant le lavage 5 gouttes d'une solution à 10 p. c. de bromure potassique. Le révélateur qui convient le mieux à cette émulsion est celui au pyro-potasse.

I. — Le développement.

Le révélateur à la potasse ou à la soude est le développement qui convient le mieux aux instantanées. Certaines plaques pourtant ne donnent de bons résultats qu'avec le révélateur à l'oxalate ferreux.

I. — RÉVÉLATEUR A LA POTASSE.

Nous nous sommes arrêtés après maints essais à la formule suivante :

A. —	100 cc/m.	eau distillée.
	25 gr. .	sulfite sodide (neutre).
	3-4 gouttes	acide sulfurique concentré (1).
	10 gr. .	acide pyrogallique.

Cette solution, après filtrage, se conserve pendant plusieurs mois.

B. —	200 cc/m. .	eau distillée.
	90 gr. . .	carbonate de potasse (libre de chlorures).
	25 gr. . .	sulfite sodique (neutre).

Après dissolution complète, il faut filtrer la solution.

Pour composer le révélateur on prendra :

	Eau	100 cc/m.
A. —	Solution pyrogallique .	1 cc/m = (15 gouttes).
B. —	Solution potassique . .	1 cc/m = (15 gouttes).

Les plaques immergées dans ce révélateur y resteront de 10 à 30 minutes. Le développement se fait très lentement, la solution-mélange étant très diluée ; mais les négatifs obtenus sont très harmonieux. Le révélateur concentré n'a d'autre influence sur la plaque qu'une action plus rapide, il ne développe pas plus de

(1) L'acide sulfurique est destiné à neutraliser la réaction alcaline du sulfite sodique qui amènerait la coloration de l'acide pyrogallique. On pourrait le remplacer par 1-1 1/2 gramme d'acide citrique, mais celui-ci agit comme retardateur et donne quelquefois des négatifs un peu durs.

détails que le révélateur dilué qui en développe autant, mais y met plus de temps.

Si l'opérateur se trouve en présence de contrastes trop violents, il peut allonger le révélateur avec son volume d'eau. Si l'image venait sans densité, il remplacera le révélateur dilué par :

Eau	100 cc/m.
Solution *A*. . . .	3-5 cc/m.
Solution *B*. . . .	3-5 cc/m.

ou bien il aurait recours à un révélateur plus énergique encore; dans ce cas le négatif sera venu au bout de 3 à 8 minutes.

Le développement prolongé très longtemps produit des images heurtées; il est donc bon de s'en tenir à un révélateur de force moyenne. Après le développement on lave le négatif et on l'immerge *dans l'obscurité* pendant 5 à 10 minutes dans une solution concentrée d'alun. Ce traitement enlève au négatif une grande partie de sa coloration jaune; après nouveaux lavages, on fixe l'image à l'hyposulfite de soude.

La teinte du cliché terminé est *rouge-brune*. Elle couvre bien et convient admirablement pour les *instantanées*.

Les produits qui entrent dans la composition de ce révélateur doivent être exempts de *chlorures*. Le carbonate de potassium contient souvent du chlorure de potassium.

Une solution filtrée de carbonate acidulée avec de l'acide nitrique ne doit pas se troubler, ou du moins que fort peu, lorsqu'on y ajoute une solution de nitrate d'argent. Les silicates et les sulfates sont sans influence pernicieuse sur la solution.

Les carbonates du commerce contiennent presque toujours de la soude et leurs solutions donnent souvent des dépôts granuleux. Le carbonate chimiquement pur est très cher, il vaut mieux employer le *sel tartari* qui s'obtient par la calcination de l'acide tartrique.

En omettant le bain d'alun avant le fixage, les négatifs garderont une teinte *jaune-brune* ou *vert-olive* qui s'étend dans toute la couche gélatineuse. Cette teinte nuit à l'impression.

II. — RÉVÉLATEUR A LA SOUDE.

Ce révélateur est excellent pour les instantanées, il donne des négatifs transparents. Avec certaines plaques, il se montre pourtant moins énergique que le révélateur à la potasse.

I. —	100 gr. . .	sulfite sodique (cristallisé).
	500 gr. . .	eau distillée.
	14 gr. . .	acide pyrogallique.
	5 à 10 gouttes	acide sulfurique.
II. —	50 gr. . .	carbonate de soude pure (cristallisée).
	500 gr. . .	eau distillée.

Le sulfite de soude se dissout rapidement dans l'eau distillée froide, l'acide pyrogallique qu'on y ajoute se dissout également très vite. En agitant le mélange le carbonate de soude ne sera pas long à se dissoudre.

Les deux solutions doivent être, si nous supposons l'acide pyrogallique pur, incolores et inodores, elles se conservent longtemps dans des flacons bien bouchés. Pour développer on prendra :

Solution I	20 cc/m.
Solution II. . . .	20 cc/m.
Eau	100 cc/m.

L'image paraît au bout de quelques minutes et se trouve entièrement venue au bout de dix à vingt.

L'observation faite plus haut concernant l'allongement du révélateur peut être faite encore pour la présente formule. Une solution diluée avec 50 p. c. eau donne des négatifs d'une très grande douceur, mais le développement se fera lentement et exigera de 30 à 45 minutes.

En composant le révélateur comme suit :

20 cc/m. . .	solution de soude.
20 cc/m. . .	solution d'acide pyrogallique.
20 cc/m. . .	eau.

on obtiendra des négatifs plus denses, à contrastes plus accentués, l'image sera entièrement venue en 4 à 8 minutes.

Les négatifs, révélés avec cette formule, seront également traités par une solution concentrée d'alun et finalement bien fixés et lavés.

III. — RÉVÉLATEUR A L'OXALATE FERREUX.

A. —	100 gr. . . .	oxalate neutre de potasse.
	300 cc/m . .	eau distillée.
B. —	100 gr. . . .	sulfate de fer.
	300 cc/m . . .	eau.
	6 gouttes . . .	acide sulfurique.

La solution *A* se conserve indéfiniment, la solution *B* se décompose rapidement; elle devra être rejetée aussitôt qu'elle aura passé au jaune-clair.

Pour révéler les négatifs avec ce développateur, on mélangera immédiatement avant l'usage 3 parties *A* et 1 partie *B*, et on y plongera la plaque exposée. Avec une pose convenable le développement sera terminé en 10 à 30 minutes. Si la pose a été trop courte, il faudra prolonger l'action du révélateur même pendant une heure. Dans ce cas il est recommandable de renouveler le révélateur tous les quarts-d'heure ou bien de se servir de cuvettes verticales au lieu de cuvettes horizontales. Les premières ne présentent pas autant de surface à l'air dont l'influence oxydante détruit rapidement le révélateur.

Comme accélérateur de ce révélateur, nous conseillons une solution d'hyposulfite de soude (1 : 200 eau) de laquelle on ajoutera 2 à 4 gouttes à 100 cm. de liquide révélateur. Après achèvement du négatif, on lavera abondamment et puis on procédera au fixage.

II. — Fixage.

Pour doser le bain de fixage, on prendra 1 partie hyposulfite de soude pour 4 parties eau, ou ce qui est plus facile, à 1 partie de solution saturée d'hyposulfite, on ajoutera 2 parties eau. Dans le bain ainsi formé on plongera les négatifs jusqu'à ce que toutes les parties blanches du cliché aient disparu. Il convient de laisser le négatif quelques minutes en plus dans le fixateur et de changer tous les deux à trois jours la solution, car les négatifs ont une tendance à se détacher de leur support lorsqu'on se sert de bains trop vieux.

Après le fixage le négatif doit être lavé pendant 8 à 10 minutes, puis plongé dans une solution saturée d'alun. Quelques minutes d'immersion suffisent pour durcir la pellicule et, après un lavage abondant, le cliché peut être mis à sécher.

III. — Le renforcement.

Si, à la suite de ces opérations, le négatif ne présentait pas assez de densité, il faudra le renforcer.

Plusieurs méthodes sont à notre disposition et celles que l'on a adoptées pour le portrait ou le paysage conviennent également aux instantanées.

Les négatifs trop peu exposés sont déjà *durs* après le fixage et en le renforçant on ne fait qu'aggraver ce défaut ; il convient donc de les corriger par la retouche. A cet effet on couvre les parties trop transparentes avec du collodion ou du vernis rouge.

Le renforçateur à l'iodure de mercure *couvre* beaucoup, il convient parfaitement aux négatifs faibles et exempts de voile.

On plongera le négatif *fixé et parfaitement lavé* dans un bain de :

1 partie	. . .	bi-chlorure de mercure.
3 parties	. . .	iodure de potassium.
200 parties	. . .	eau.

L'image s'intensifie en prenant une teinte brune qui sera faible après une immersion courte et très intense après une immersion prolongée (1).

(1) Avant d'être renforcé un négatif séché devra être mis pendant quelques minutes dans l'eau afin de ramollir la couche.

Lorsque le négatif a pris la densité voulue on le lavera pendant une dizaine de minutes et on le traitera par l'ammoniaque dilué (1 : 10 parties eau). La teinte passe au brun foncé.

Par une immersion courte, on ne renforce que les ombres délicates; en la prolongeant, on renforce le négatif dans son entier.

Quoique les autres renforçateurs présentent plus de garanties pour la conservation des négatifs, nous préférons celui-ci lorsque les négatifs sont faibles.

Si les négatifs ne demandent qu'un renforcement faible, comme cela se présente avec les négatifs d'enfants, il vaut mieux prendre le renforçateur suivant, qui ne compromet en rien la durabilité du cliché.

1 à 2 parties	. . .	bi-chlorure de mercure.
2 parties	. . .	bromure de potassium.
100 parties	. . .	eau.

Dès que les blancs ont une densité suffisante, on traitera le cliché par une solution de 10 parties sulfite neutre de soude dans 100 parties eau. La teinte devient brune-noire, et convient très bien pour le tirage des positifs.

IV. — Le vernissage.

Les négatifs parfaitement séchés et achevés seront d'abord chauffés légèrement, puis couverts d'une couche mince de vernis à négatif.

CHAPITRE VIII

Instantanées prises dans l'atelier vitré. — Portraits d'enfants, de personnages souriants, etc.

I. — PORTRAITS INSTANTANÉS.

L'apparition des plaques rapides, qui diminuent beaucoup le temps de pose, a rendu de grands services au photographe portraitiste. Une pose qui exige de 20 à 30 secondes devient pénible. L'expression du visage change, le regard devient fixe, toute la physionomie se raidit et se tiraille. Il est même arrivé que des personnes nerveuses soumises à des poses quelque peu longues s'évanouissaient. Ces poses provoquent la fatigue; la bouche s'ouvre et les muscles du visage ainsi surmenés lui communiquent une expression involontaire de profonde inquiétude. Ce phénomène trouve son explication dans la fixation d'un point immobile qui ne tarde pas à exercer une influence hypnotique plus ou moins forte. Chez beaucoup de personnes, les yeux s'humectent, la prunelle avance et le regard devient très hagard. Un temps de pose de 4 à 6 secondes, celui généralement exigé aujourd'hui par les plaques du commerce, ne fatigue pas le modèle. Une pose rapide donne donc plus de vie au portrait et l'expression n'est pas forcée.

On ne fait pas en général des instantanées proprement dites dans l'atelier vitré. Par l'emploi des rideaux, destinés à amener un éclairage artistique, on diminue trop la somme de lumière admise et les poses *très courtes* deviennent impossibles.

Lorsque les sujets, des enfants très jeunes ou fort difficiles, exigent une pose peu longue, le photographe doit ouvrir ces rideaux tout au large pour admettre dans l'atelier une grande somme de lumière; en employant alors des objectifs lumineux, il pourra réduire le temps de pose à 1/2, 1/4, 1/8 de secondes. Il peut obturer à la main ou se servir de l'obturateur à clapet (*page* 18).

C'est en opérant ainsi que l'on obtient les photographies de danseuses, d'acrobates, gymnasiarques, lutteurs, etc., Ce ne sont pas des instantanées proprement dites, car les personnages se trouvent immobiles au moment de la pose. La phototypie qui se trouve en tête de ce volume nous donne un spécimen d'une pose semblable. Le cliché a été mis obligeamment à notre disposition par M. Leone Ricci, photographe à Milan.

Nous avons eu l'occasion d'admirer de très belles instantanées faites par M. Uhlenhuth, de Coburg, qui non seulement fait une étude spéciale des mouvements des animaux, mais qui encore se plaît à faire de charmantes études d'enfants et de têtes de femmes.

« Mes clichés d'*enfants* ou mes études de *têtes* », écrit M. Uhlenhuth, « s'obtiennent en dehors de la besogne courante. Je suis toujours à l'affût de semblables travaux et je rencontre quelquefois bien des difficultés. Les plus récalcitrantes parmi les femmes sont les vieilles paysannes, il leur reste toujours une arrière pensée de sortilége. J'ai, dans ce cas, recours à la ruse. Des commissions à donner, un renseignement à demander, surtout une petite (?) conversation à entamer sont généralement le prétexte qui suffit pour les attirer dans mon antre. Je prends alors rapidement le sujet (1 seconde) à pleine ouverture d'objectif, sans les faire poser. »

« Pour les enfants j'obtiens plus facilement l'autorisation des parents. Les mères sont toujours fières de leur progéniture et presque toujours prêtes à confier les jolies petites têtes au photographe. » Nous ne croyons pas nécessaire de citer d'autres exemples pour démontrer que la photographie peut rendre de grands services aux peintres. Elle permet, en effet, de saisir les poses les plus difficiles que le modèle le plus docile ne saurait garder assez longtemps pour que le peintre puisse l'esquisser même rapidement.

Toute attitude contre nature est une attitude mesquine et fausse, toute action réelle est vraie et belle. C'est au nom de cette vérité que Diderot, dans ses *Essais sur la peinture*, combat les abus de son époque. Remplaçons, dit-il, les poses contorsées de nos modèles d'académie par l'étude de la nature, l'art y gagnera. Cette courageuse intervention du célèbre encyclopédiste français, soutenue par Goethe et Schiller, a certes contribué beaucoup à sauver la peinture d'une décadence certaine.

Beaucoup de ces poses académiques sont forcées et leur exécution se ressent inévitablement de l'apprêté de leur raideur. « Qu'ont de commun », écrit Diderot (1), « l'homme qui tire de l'eau dans le puits de votre cour, et celui qui n'ayant pas le même fardeau à tirer simule gauchement cette action, avec ses deux bras en haut, sur l'estrade de l'école? Qu'a de commun celui qui fait semblant de mourir là, avec celui qui expire dans son lit ou qu'on assomme dans la rue? Qu'a de commun ce lutteur d'école avec celui de mon carrefour? Cet homme qui implore, qui prie, qui dort, qui réfléchit, qui s'évanouit à discrétion, qu'a-t-il de commun avec le paysan étendu de fatigue sur la terre, avec le philosophe qui médite au coin du feu, avec l'homme étouffé qui s'évanouit dans la foule? Rien! » Le photographe donne aujourd'hui la main au peintre pour chasser de l'art ces poses fausses. D'excellentes études d'après nature sont mises maintenant à la disposition de ceux qui dessinent.

II. — PORTRAITS D'ENFANTS.

Dans le groupe des épreuves appelées improprement instantanées, il faut comprendre presque tous les portraits d'enfants. Ceux-ci ne s'obtiennent cependant pas aussi facilement que les portraits d'adultes. Il fut un temps où la présence d'un enfant dans l'atelier produisait sur le photographe la même impression que l'apparition de la tête de Méduse.

C'était au temps où les clients assiégeaient les ateliers et où l'opérateur était peu disposé à consacrer un peu de peine et un peu de temps à une seule personne ; c'est à cette époque-là que l'avis « On ne photographie pas les enfants » trônait dans tout atelier qui croyait se respecter.

(1) Œuvres de Diderot, éd. Belin, Paris 1818, tome IV, IIe partie, p. 481 et 482.

Cependant, beaucoup de photographes se passionnent d'autant plus que leur sujet est plus difficile ; ils suivent en cela le médecin qui adore les cas graves ou le chimiste qui se consacre d'autant plus à son analyse qu'elle est rebelle et compliquée.

Lorsque le photographe est sympathique à l'enfant et que celui-ci obéit à ce qu'on lui demande, il ne sera pas difficile d'obtenir un bon cliché. Celui qui aime les enfants aura beau jeu, car ces petits êtres remarquent de suite ceux qui les aiment, et l'entente entre l'enfant et le photographe se fera d'elle-même.

La question : Comment agira-t-on avec un enfant pendant la pose ? n'obtient pas des réponses uniformes. M. Robinson a écrit (*Photographic News*, 1884, p. 778) de remarquables lignes sur ce sujet. Avant tout, n'ayez pas de mouvements brusques. De la patience et beaucoup de patience !

Souvent, et cela dès les premiers moments, le photographe s'aperçoit qu'un confrère butor ou maladroit a indisposé l'enfant. Celui-ci regarde les appareils avec une véritable terreur. Cette fâcheuse disposition d'esprit s'aggrave encore par les recommandations multiples de la mère qui, presque toujours, au lieu d'amener la quiétude et l'immobilité de l'enfant, éloignent les derniers vestiges de confiance que le pauvre petit pourrait avoir encore.

C'est l'expression qui donne le plus d'attraits à la figure de l'enfant. C'est donc elle que le photographe doit provoquer avant tout et c'est là toute sa science. Les poses les plus simples, asseoir l'enfant sur une table, dans un fauteuil ou le coucher dans un berceau, sont les plus recommandables. On usera des boîtes à musique pour attirer son attention, mais on se gardera de les confier soit à la mère, soit à la bonne.

L'opérateur doit montrer à l'enfant que lui seul est le détenteur des jouets. Si une seconde personne en dispose ou se trouve dans un voisinage immédiat, l'enfant devient distrait, il vaut donc encore mieux rester seul avec l'enfant et éloigner les proches.

Le photographe a beau jeu avec les enfants confiants, il n'a qu'à se hâter dans ses opérations. Si l'opérateur traîne, l'enfant se fatigue, il quitte sa place ou perd sa jovialité, il vaut alors mieux remettre la pose au jour suivant. Le premier cliché est généralement le meilleur.

Les enfants nerveux sont très difficiles à photographier. L'opérateur devra se faire bien venir de ces enfants ; déjà dans le salon de pose, il cherchera à leur inspirer confiance. Toute démarche se fera d'une façon douce, et si l'opérateur réussit à faire une première pose, il peut se féliciter, car, déjà à la seconde, l'enfant est moins craintif.

Mais c'est surtout avec des enfants timides que le photographe aura de la peine. Ceux-ci n'ont pas précisément peur de l'opérateur, mais ils sont toujours disposés à se cacher dans les jupes de leur mère. Un bon moyen est de les porter rapidement dans l'atelier de pose et de les photographier sans faire de longs apprêts. L'enfant, étonné de ce que l'on ne s'occupe pas de lui, se laisse faire. C'est un moyen dont on n'use pas deux fois sans amener des pleurs. M. Boissonas, photographe à Genève, s'est acquis une réputation bien méritée par ses portraits d'enfants ; d'autres photographes encore, surtout en Amérique, en ont fait une spécialité.

III. — ÉTUDES D'APRÈS DES PERSONNAGES QUI RIENT.

Il est plus facile de saisir un enfant qui rit ou qui pleure que de photographier une personne adulte qui exprime l'un ou l'autre de ces sentiments. Le portrait d'un enfant est également plus sympathique, les traits n'étant pas aussi accentués, il s'y montre rarement des distorsions disgracieuses. Peu de personnes songeraient à se faire photographier en riant si elles savaient que le sourire lui-même n'est pas toujours agréable ni gracieux en photographie.

Sur cent poses de ce genre, quatre-vingt-dix certainement n'engageront pas les personnes à commander des épreuves. Tel visage de jeune fille qui, en souriant nous attire, montre sur le cliché non retouché une physionomie vieille et dure. Cela provient de ce que le rire prononce avec exagération les parties musculaires qui partent du nez pour rejoindre la bouche. Malgré ce qui précède, il arrive que des praticiens habiles parviennent à faire de très beaux portraits, il faut pour réussir, avant tout, un bon

Figure 35. — **Personne souriante.**

modèle et le coup d'œil prompt du photographe. La figure 35 reproduit un cliché très réussi de M. Falk, de New-York.

Cette reproduction n'est pas sans critique, mais l'ensemble est gracieux et avenant. Pour clore ce chapitre, nous dirons quelques mots de l'influence des muscles de la bouche sur le jeu de la physionomie.

Aucune partie du visage ne possède autant d'influence sur l'expression que la bouche, cela provient probablement de ce que la bouche est le centre où viennent se réunir une multitude de petits muscles. En abaissant ou en relevant quelque peu le *pli* de la bouche, on communique au visage une expression de bonne ou de mauvaise humeur. M. Parttridge, professeur à la Royal Academy, insistait beaucoup sur ce fait dans ses lectures anatomiques. Le célèbre professeur avait une image à parties mobiles pour démontrer que l'expression des yeux, celle que les poëtes chantent, ne leur est pas propre. Le regard inspiré n'existe pas si la bouche n'y concourt. Car si la bouche rit, les yeux semblent rire aussi. La physionomie reçoit donc en majeure partie son expression des muscles de la bouche.

CHAPITRE IX

Instantanées de paysages et de nuages.

Il est assez difficile de prendre instantanément un paysage. Lorsque celui-ci comprend des maisons blanches, des rochers clairs ou de l'eau à l'avant-plan; peu ou pas de masses de verdure à l'arrière-plan, on peut exposer rapidement (1/20 à 1/50 de seconde) et obtenir instantanément les objets vivement éclairés à l'avant-plan. A un simple paysage on donne, par contre, une pose plus longue. Celle-ci est nécessitée par la lumière peu actinique émise par les arbres et les buissons. Une pose courte ne donne aucun détail dans les verts, lesquels paraissent alors lourds et noirs. D'autre part, pour photographier instantanément le sujet, il faudrait employer des objectifs très lumineux, mais ces combinaisons, comme on le sait, ne donnent pas beaucoup de profondeur d'image, les arrière-plans viennent flou et l'effet obtenu serait médiocre.

Il faudrait donc diaphragmer assez fortement, ce qui, malheureusement, diminue la quantité de lumière admise et rend l'instantanée impossible.

Quoiqu'il soit peu recommandable de photographier instantanément les paysages et que l'on peut s'attendre à des épreuves sans détails, on peut pourtant obtenir de charmants effets dans certains cas spéciaux. Ainsi, lorsque l'opérateur trouve un paysage vivement éclairé, il peut obtenir des jolis effets de lune; pour cela, il suffit de tourner l'objectif dans la direction du soleil et donner une pose rapide (1/100). Pour réussir complètement, il faut un peu de goût et un peu de pratique. Comme nous le prouvent les épreuves de M. Schwartz, de Berlin.

Depuis quelques années, la photographie des paysages à fait de grands progrès ; les photographes ont cependant négligé les plus beaux effets de la nature. Parmi ces derniers, M. Robinson cite avant tout, les effets du ciel et de l'atmosphère. Le ciel communique au paysage tout son caractère et il possède sur lui une très grande influence. Par la perspective, les ombres s'affaiblissent ou se fortifient, par les nuages la lumière et la teinte se modifient.

Quels admirables effets de lumière et d'ombre, de clair-obscur et d'obscur ne produit pas un rayon de soleil perçant les nuées d'orages pour venir se jouer à la surface ridée de l'eau.

Le photographe, de même que le peintre, court au-devant d'un

Figure 36. — Paysage avec ciel nuageux.

effet artistique certain, en se livrant à de semblables études. L'atmosphère est le fond naturel de l'arrière-plan du paysage, elle doit remplir le même but que le *fond* dans le portrait et ne pas être représentée, comme cela se fait trop souvent, par une surface de papier blanc. Le ciel doit servir à donner de la plastique aux objets principaux et à les faire ressortir. Le paysage obtient du relief par la direction des lignes des nuages mise en opposition avec les siennes, par l'opposition de la lumière et de l'ombre. En un mot, le ciel doit servir à produire du relief ou de l'ampleur et, en général, pour servir de repoussoir à moins que pourtant le ciel ne soit l'objet principal à photographier, comme cela sera le cas par un beau coucher de soleil. Le paysage alors devient l'accessoire. Le photographe, vraiment artiste, trouve un précieux auxiliaire dans le ciel ; s'il sait se servir de ses effets picturaux, il rendra intéressant le motif le plus banal, celui qui par lui-même ne vaut pas la moindre attention. Le ciel devient surtout important lorsque l'horizon d'un paysage est bas et forme une ligne droite (*fig.* 36).

Dans cette figure (d'après Robinson), nous trouvons une singulière concordance de tons qui proviennent des grandes masses de lumière amassées dans le ciel et répétées dans le paysage. Les nuages devraient prendre une place plus importante dans la photographie du paysage que celle qu'on leur a assignée jusqu'à maintenant.

Figure 37. — **Paysage avec ciel nuageux.**

On ne peut dire qu'une épreuve, dans laquelle le ciel est représenté par une grande surface blanche, ne soit pas naturelle, mais pour un admirateur de la nature, pour l'artiste, elle sera nulle, insipide et peu poétique.

Nous ne saurions comprendre un photographe qui, se rendant compte des réelles beautés des nuages, se priverait volontairement des grandes ressources d'équilibre et d'harmonie qu'ils apportent dans la composition d'un paysage. Il est impossible de photographier les nuages en même temps que le paysage. Rarement, les premiers se présentent dans les conditions voulues, et fût-il même ainsi, la photographie en présente de grandes difficultés. Il vaut mieux prendre séparément des clichés de nuages qu'on appliquera par double impression, sur la positive du cliché du paysage, photographié également dans les meilleures conditions possibles (*fig*. 37). Cette intercalation n'est pas si difficile pour un opérateur soigneux que l'on pourrait le croire. Le ciel avec les nuages exige en moyenne un tiers du temps de pose demandé pour le paysage lui-même.

Les cumulus aux arêtes vives se détachant fortement du ciel et les cirrus conviennent le mieux pour le paysage; leur forme change souvent et leur aspect est des plus pittoresques, surtout lorsque le soleil les éclaire par derrière, en face de l'objectif.

Le photographe doit cependant se garder de commettre la faute grave de se servir de ces clichés de nuages lorsqu'il se trouve en face d'un paysage vivement éclairé par la droite ou la gauche. Le Dr Stolze a démontré tout le ridicule d'une semblable méprise. Bien souvent, les nuages se présentent dans le ciel avec des contours très indéfinis, les négatifs que l'on en obtient conviennent parfaitement à tous les paysages ordinaires. Les clichés de cumulus seuls demandent un emploi judicieux.

L'endroit le plus propice pour photographier les nuages est certes le bord de la mer. On choisira un jour ou l'orage ou la pluie montent à l'horizon. Le ciel encore pur à l'avant-plan sera un puissant repoussoir pour les contours fantastiques et pittoresques des nuées.

On rencontre alors, en fort peu de temps, une grande variété de formations de nuées dont le photographe habile peut faire une ample moisson. La question pratique de la photographie des nuages n'offre rien de particulier ni de difficile.

On pourra employer un *Aplanat* ou bien un *objectif simple* qu'on aura soin de diaphragmer fortement : *la pose* sera de 1/5 à 1/2 de seconde. Au révélateur, il faut ajouter 5 à 20 gouttes d'une solution à dix pour cent de bromure de potassium. Le tout est de poser rapidement et d'obtenir un cliché peu dense propre à la manipulation de l'interposition. Cette opération qui consiste à intercaler, par une seconde impression et au moyen d'un cliché séparé, dans la partie blanche d'une épreuve figurant le ciel du paysage l'image d'une ou de plusieurs nuées est bien facile.

On commence par tirer une épreuve du paysage. Lorsque celle-ci est suffisamment venue, on remplacera le négatif paysage par un négatif nuage au dos duquel on a appliqué une couche qui couvre à 1 ou 2 millimètres près les contours du paysage. On procède ensuite à une seconde impression. Si le premier négatif renferme des arbres isolés ou des parties à arêtes vives se détachant sur le ciel, on aura soin de couvrir les parties déjà imprimées par les parties les plus denses du cliché nuage.

CHAPITRE X

Paysage avec personnages.

L'effet artistique d'un paysage est encore rehaussé par l'introduction de personnages, à l'avant-plan ou au second plan. A cause des poses courtes exigées par les procédés actuels, les paysages de genre que nous voyons aujourd'hui ont plus de mouvement et plus de naturel que les photographies de jadis. Souvent un

Figure 38. – **Paysage avec figures.**

paysage insignifiant qui présente par lui-même peu de ressources fait beaucoup d'effet par l'introduction de personnages que le sentiment artistique du photographe saura grouper et choisir.

M. Robinson, l'habile photographe anglais, a traité ce sujet dans d'admirables pages de la lecture desquelles l'amateur, en l'absence de règles fixes, tirera grand profit. « Les figures ne doivent pas seulement être *dans* le paysage. elles doivent faire partie *du* paysage. Si l'on y introduit plus d'une, ces figures doivent sembler être tellement liées les unes aux autres qu'il serait impossible de les séparer sans détruire tout l'ensemble » (1). Il

Figure 39. — Paysage avec figures.

ne faut assigner aux personnages qu'on introduit dans l'arrangement d'un paysage que des actions simples et naturelles.

Nous allons reproduire dans les figures 38 et 39 quelques com-

(1) *La Photographie en plein air*, par H.-P. Robinson, trad. par H. Colard. Paris, Gauthier-Villars.

positions dues à M. Robinson, photographe à Tunbridge-Wells. La figure 40 est une autre photographie de genre du même artiste. Un homme d'un âge déjà mûr tourmente une jeune fille par des questions saugrenues. La jeune fille à la mine moqueuse a réponse à tout et c'est elle qui rira la dernière. Cet ensemble si naturel, plein d'abandon, ne manque pourtant pas de présenter dans l'exécution de sérieuses difficultés. Que nos lecteurs essayent de l'imiter, ils trouveront dans le cercle de leurs relations des modèles tout prêts à les y aider. M. Robinson choisit ses modèles,

Figure 40. **Paysage avec figures.**

surtout les dames, dans le milieu qu'on est convenu d'appeler le *monde*. Les costumes ne sont pas des costumes de théâtre, mais bien des nippes de campagnardes. Les sujets se présentent quelquefois de la manière la plus inattendue. « Je me souviens, » écrit Robinson, « qu'il y a quelques années nous traversions un verger, nous allions photographier une vue choisie auparavant et nous devions passer par une porte pratiquée dans la palissade donnant sur la route. Un de mes modèles, qui avait un bâton à la main, courut en avant pour ouvrir la porte ; quand cela fut fait, il se retourna et se rangea en nous attendant contre la palissade, tout en chantant d'un air moqueur un vieux refrain :

> « *Open the gate and let her through*
> *For she is Patty Watty's cow.* »
>
> Ouvrez la porte et laissez-la passer
> Car c'est la vache de Patty Watty.

Quelle pose charmante avait mon modèle tout en chantant. Je fis immédiatement une photographie dont la figure 41 donne une esquisse.

Figure 4'. — mposition photographique.

Quelque temps après, je vis le même modèle sur le bord d'un ruisseau, criant à ses compagnes : « Puis-je le franchir ? » C'était encore un sujet, mais le fond était fort laid et ne convenait pas. Je me mis à la recherche d'un autre fond et je le trouvai (*fig.* 42).

Figure 42. — **Composition photographique.**

M. Rob. Slingsby a traité d'une façon charmante un motif bien simple, pris dans la vie enfantine de tous les jours, dans une pho-

Figure 42. — **Composition photographique.**

tographie intitulée : « Cela flottera-t-il? » Quelques enfants confient un petit bateau à la mer (*fig.* 43). On devine sur leur physionomie leur anxiété. Cela flottera-t-il?

Figure 43. — **Enfants au bord de la mer.**

Un autre sujet a été photographié par M. P.-H. Emerson (*fig.* 44). Une dame d'un âge mûr dirige une classe; la scène se passe dans un jardin; le motif principal est une admonition en règle faite

Figure 44. — **École primaire.**

à un écolier paresseux. On pourrait reprocher à cette photographie des costumes trop modernes pour l'époque à laquelle cette scène a dû se passer.

Il arrive quelquefois que le sujet d'une étude se présente naturellement; le photographe n'a plus alors qu'à attendre le moment propice pour opérer. La figure 45 nous retrace un cas semblable et un sujet photographié par M. Max Ziegler, de Berlin. Le négatif doit son origine aux circonstances suivantes :

L'Association des artistes donnait une grande fête costumée dans un parc aux environs de Berlin. M. Ziegler, muni de son appa-

Figure 45. – Retour d'une fête costumée.

reil, s'y était rendu, persuadé d'avance que les sujets à photographier se présenteraient en nombre et d'eux-mêmes. Bien lui en prit, car au moment où il se disposait à photographier la villa d'un riche propriétaire, une barquette amenait trois jeunes filles retour de la fête. Les laisser aborder, les prier de s'occuper des cygnes qui les suivaient fut l'affaire d'un instant. Grâce à une pose rapide, l'heureux photographe put prendre sur le vif la charmante scène.

CHAPIPRE XI

Photographies de rues. — Vues animées de ville.

On se contentait autrefois de photographier les intérieurs de villes sans chercher à y introduire la vie de tous les jours; bien au contraire, on choisissait l'heure où les places et les rues étaient désertes et l'élimination des quelques rares passants et curieux n'était pas la partie la plus agréable de l'opération. Il n'en est plus de même aujourd'hui. Le temps de pose étant réduit de trois minutes à moins d'une seconde, le photographe peut surprendre le mouvement de la vie active d'une grande ville. L'exécution n'en demande pas des manipulations bien spéciales.

Pour faire la photographie d'une rue ou d'une allée très longue, il faut presque toujours diaphragmer fortement l'objectif afin d'obtenir la netteté des avant-plans.

On place généralement l'appareil au premier ou au second étage d'une maison, les personnages à l'avant-plan viennent donc à une petite échelle et leurs mouvements se présentent avec une petite amplitude sur le verre dépoli. On peut alors user d'une pose relativement longue. A moins d'avoir à l'avant-plan un cheval au trot, une pose de 1/20e à 1/50e de seconde est déjà assez rapide. Dans les grandes villes, comme par exemple à Londres, le photographe trouve quelques difficultés pour prendre des vues de rues. L'atmosphère y est souvent chargée de fumée ou de brouillard et cela principalement le matin. A certains jours, comme le lundi matin par exemple, le mouvement tourne à la cohue, le photographe court alors les risques de s'énerver beaucoup et de voir son appareil renversé. Dans des cas de cette espèce, il convient de supprimer le

Figure 47. — **Instantanée de M. H. Colard. Procession du S.-S. des Miracles, à Bruxelles.**

trépied et de fixer l'appareil sur l'impériale d'un omnibus, sur une grille ou une borne d'annonces, ce qui met quelquefois le photographe dans des positions bien drôles ou même dangereuses. Outre cela, dame Police ne s'occupe pas de photographie, elle voit souvent dans l'homme à l'objectif un voleur, si pas un criminel. Le *Photographic News* raconte qu'un amateur de ses amis fut pris pour un dynamitard, arrêté et accusé, rien moins que de vouloir faire sauter la Bourse de Londres, parce qu'il s'était réfugié dans un soupirail de cave pour braquer sa chambre.

Si le mouvement étourdissant des rues de Londres est un sujet qui doit tenter le photographe amateur, que dirons-nous de la vie si fiévreuse des principales artères de Paris. M. Cobb, dont les instantanées de Londres sont universellement connues, s'est également laisser entraîner par ce spectacle. La figure 46 est une instantanée de l'Avenue de l'Opéra, prise presque au carrefour des boulevards. La façade de l'Opéra forme un magnifique fond à ce va-et-vient enfiévré.

En dehors du mouvement quotidien de nos rues, nos voies publiques offrent encore d'autres sujets à photographier instantanément, c'est ainsi que les cortèges historiques ou carnavalesques, et surtout les processions ont le don d'intéresser le photographe. M. Colard nous retrace dans la figure 47, la cérémonie religieuse connue à Bruxelles sous le nom de « la procession du Saint-Sacrement des Miracles ». Dans une rue étroite et bordée d'assez hautes maisons se presse une foule de gens curieux et recueillis, une forêt de riches bannières se balancent au vent. L'ensemble est fort harmonieux et parfaitement attachant.

Dans la figure 48, nous voyons un régiment de ligne français traverser un pont.

S'il n'est pas toujours nécessaire de dissimuler sa présence dans les rues d'une grande ville, il en est autrement lorsqu'on désire photographier un sujet ou un groupe isolé dans une allée ou un chemin solitaire. Il faut quelquefois cacher l'appareil bien soigneusement, mettre au point un plan quelconque (on place son aide à un point déterminé) et attendre patiemment que le sujet vienne se mouvoir dans ce plan. Le photographe, qui a eu soin de ne pas se laisser voir lui-même; déclenche alors l'obturateur

Figure 48. — Instantanée de troupes en marche.

(*fig.* 49). Pour obtenir un effet artistique, il vaut mieux laisser venir à soi le sujet en se réservant le paysage ou le motif comme fond.

Figure 40.
Détermination du plan par lequel passera le sujet à photographier instantanément.

C'est ainsi que sont obtenues ces photographies de bandes de touristes surpris dans les montagnes au tournant d'un chemin ou au passage d'une passerelle.

CHAPITRE XII

Instantanées au bord de la mer et des rivières.

Il est plus facile de photographier la mer agitée que de faire un bon paysage. Cette possibilité de saisir si rapidement les vagues en furie qu'elles semblent immobiles, ne cesse d'étonner à première vue le profane. Divers photographes et amateurs ont obtenu de magnifiques épreuves de vagues énormes se brisant sur les rochers ou déferlant sur les grèves. Les bords de la mer offrent, en dehors de ces études, un vaste champ à la photographie. Les accessoires qu'on y rencontre sont si picturaux qu'il n'est pas nécessaire de déployer un grand luxe de modèles pour produire de charmants tableaux.

Figure 50. – Composition photographique.

M. Robinson relate qu'il prit un jour toutes les dispositions voulues pour photographier des paniers à crabes abandonnés sur le bord de la mer. Au moment de découvrir l'objectif survient une petite fille qui, sans se préoccuper du photographe, se met à jouer avec les habitants de ces paniers. C'était un sujet qui se présentait de lui-même; mais il fallait l'équilibrer. Un signe fait au modèle habituel fit accourir celui-ci. Sa présence acheva le charmant petit tableau reproduit dans la figure 50.

La rentrée au port des bateaux-pêcheurs offre des situations pleines de vie et dignes d'être fixées par la photographie. Outre l'arrivée des bateaux, la descente des voiles, le déchargement du poisson, les pêcheurs eux-mêmes ou ceux qui les attendent, pré-

Figure 51. — Composition photographique.

sentent de jolis groupes. Celui qui connaît la vie au bord de la mer, trouvera maintes occasions de se servir de son appareil. Pour celui à qui cette vie est étrangère, nous l'engagerons avec M. Robinson à se mêler aux pêcheurs. Le marin aime à conter des histoires, il est bon enfant, quelques petits cadeaux le rendent vite familier. Sa complaisance met alors à la disposition du photographe les canots, les filets et il ne dédaigne pas de *poser* lui-même.

Il est très recommandable pour obtenir de l'effet dans la composition de ce genre de tableaux, de garder un peu de terre à

Figure 32. – Vue prise au bas de la Tamise.

l'avant-plan, les figures se détachent d'autant mieux sur le ciel et les quelques accessoires qu'on peut y laisser offrent de grandes ressources. Une photographie de M. Slingsby, de Lincoln, (*fig.* 51), que tout le monde connaît, peut servir de modèle à de semblables études. Pour réussir dans ces compositions, il faut avant tout une grande habileté professionnelle et un goût artistique développé.

Il est plus difficile d'obtenir des instantanées au bord des rivières qu'au bord de la mer. La lumière y est moins actinique et l'atmosphère des profondes vallées fortement resserrées, que ces rivières traversent, est rarement bien pure. Si le courant est rapide les bateaux à vapeur et les toueurs ne remontent que péniblement; la fumée s'échappe des cheminées si abondamment qu'elle remplit presque toujours toute la vallée, à moins que son long panache lugubre ne reste planer sur les flots. Dans ces conditions, le photographe ne se trouve guère favorisé, comme nous le démontre la figure 52.

Le lecteur aura déjà rencontré les admirables instantanées de mer et de rivières, signées par MM. Wight, Grassin, Mayland, Newton, Damry, Colard. Nous ne pouvons résister au désir de reproduire, dans la figure 53 tirée hors texte, une charmante instantanée de M. Damry, de Lille.

La figure 54 est une instantanée prise par M. Colard, à Boulogne-sur-Mer.

Figure 53. — Instantanée de M. Demeny. — Malle entrant dans le port de Calais.

Figure 54. — **Instantanée de M. H. Colard. — Retour d'un steamer portant des excursionnistes.**

CHAPITRE XIII

I. — Instantanées prises d'un bateau en pleine course, d'un train de chemin de fer. Application du tricycle à la Photographie.

On peut prendre aisément des instantanées à bord d'un bateau, en pleine mer. Il suffit pour cela de faire choix de plaques assez sensibles et d'employer des obturateurs suffisamment étanches et rapides. La difficulté de maintenir le sujet dans le cadre de l'appareil, peut se tourner par l'emploi d'iconomètres et surtout de supports spéciaux, qui permettent de tourner la chambre photographique dans tous les sens. MM. Crowe et West, dont les instantanées de voiliers peuvent servir de modèle à tous ceux qui s'occupent de photographie, fixent leur appareil au bordage des embarcations au moyen d'une articulation-genouillère ou même au moyen d'une suspension Cardan.

Un amateur, M. Beard, a imaginé un autre support, fort pratique, qui permet de mouvoir la chambre dans tous les sens. Il s'adapte facilement partout (*fig.* 55). La vis *S* opère le serrage du support sur une tige en fer En *R* le support pivote autour d'un axe vertical. En *B* il y a une genouillère qui permet l'inclinaison en tous sens de la pièce *T*, comme le montre le pointillé sur notre figure. La figure 56 nous montre le support fixé sur un morceau de bois, et la figure 57 nous donne une autre disposition du même support. Une disposition toute spéciale est requise lorsqu'il s'agit de fixer la chambre sur le bordage d'un yacht (*fig.* 58). On observe que lorsque le bateau à photographier se meut dans le même sens que celui qui porte l'appareil, ou dans le sens perpendiculaire, la pose peut être relativement plus longue que lorsqu'il navigue en sens inverse.

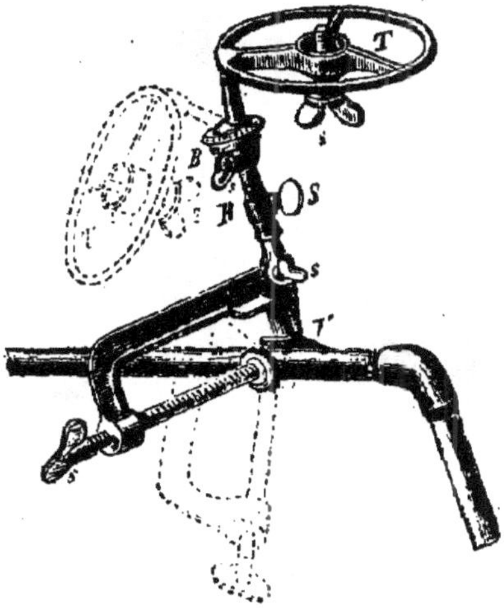

Figure 55.
Support de chambre photographique.

Figure 56.
Support de chambre photographique.

En Angleterre, la terre classique du « *Yachting* », les photographes se sont livrés depuis longtemps à la photographie des navires en pleine course. Parmi les plus belles épreuves, nous rencontrons celles faites par M. B. West et Son de Gosport. Nous en donnons ici quelques spécimens.

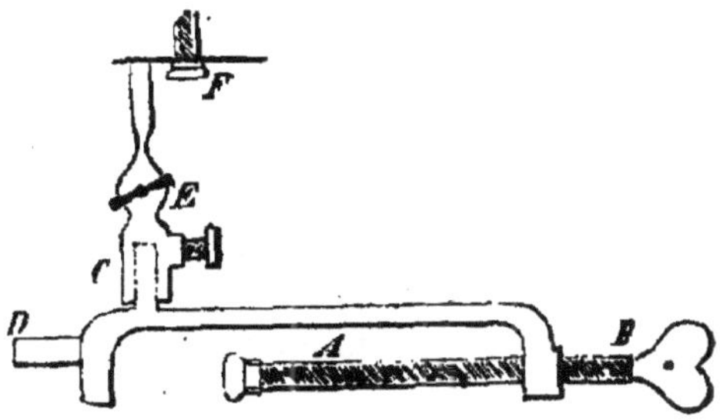

Figure 57.
Support de chambre photographique.

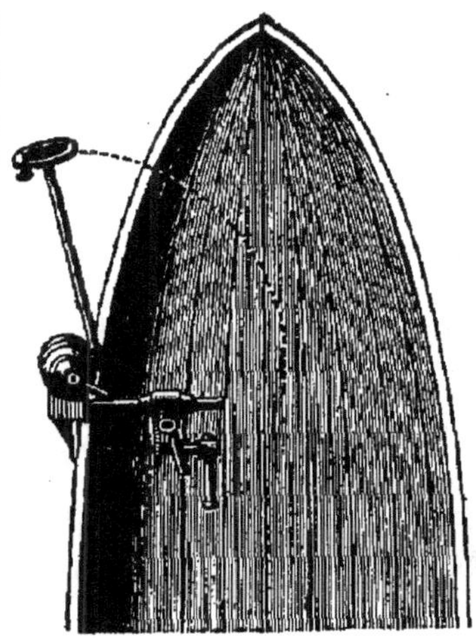

Figure 58. – **Support fixé au bordage d'un bateau.**

Les figures 59 et 60 sont des plus intéressantes, elles reproduisent deux périodes critiques d'un abordage. « J'avais toujours eu le désir de photographier, écrit M. West, un bateau au mo-

Figure 52. — Instantanée d'abordage de yacht, de M. West.

ment où il casse une de ses vergues ou bien où il en aborde un autre, quelque chose d'exceptionnellement émouvant, enfin. Il y a deux ans, mon désir se réalisa. C'était à une course près de Southsea. Il n'y avait que deux yachts, mais ils étaient véritablement

Figure 63. – Instantanée d'abordage de yacht, de M. West.

étonnants pour leur classe, tous les deux étant des 10 tonneaux. Il était fort difficile de distinguer quel était le plus rapide des deux.

Au départ, ils se dirigeaient bien ensemble vers le but. J'attendais le coup de canon du départ pour opérer. Au moment où le coup de canon se fit entendre, le capitaine du yacht sous le vent fit une manœuvre sans avoir calculé la distance et le beaupré du yacht enleva les voiles d'arrière de son concurrent et en même temps perdit ses voiles de foc. J'étais tout près d'eux pendant ce temps-là, tout prêt à les photographier. Je vis ce qui se passait et je les saisis au moment où ils s'abordaient, tous deux étant partiellement enveloppés par la fumée du canon du départ. Je fis voile vers eux et je pris d'abord le yacht qui avait abordé avec toutes ses voiles d'avant et son beaupré enlevés, puis ensuite le yacht abordé lorsqu'il fut dégagé. Le propriétaire expliquait en montrant du doigt comment la catastrophe était arrivée. L'homme, au moment de l'abordage, peut se voir à l'extrémité du beaupré (*fig.* 60). En revenant, je me sentais tout heureux d'avoir pu prendre enfin la photographie que je désirais depuis si longtemps. Je puis faire remarquer que dans ce genre de travail il faut avoir la tête calme, la main ferme et viser droit. »

D'autres photographes et amateurs se sont occupés de ces études attrayantes, nous citerons MM. Grassin, de Boulogne; Damry, de Lille; Rich. Wight, de Charlottenburg; H. Colard, de Bruxelles et bien d'autres encore.

II. — Photographie de trains en marche.

Ceux qui commencent à faire de la photographie instantanée ambitionnent de saisir un train à grande vitesse. Ceci est pourtant une besogne ingrate, car si l'épreuve obtenue est nette, le train semble absolument au repos et l'affirmation seule du photographe, plus encore que le panache de vapeur qui voltige, garantit bien l'instantanéité de la pose. Malgré l'incrédulité qui accueillit les premières épreuves de trains lancés en pleine vitesse, plusieurs photographes et amateurs continuent à en produire. MM. Marsh frères, en 1880, ont montré la photographie du « Flying Scotchman » (un express anglais bien connu); M. Grassin, de Boulogne, exposa en 1883, à Bruxelles, « l'express de Calais ». M. Scolik, de Vienne, a fait toute une série de trains en marche à la station de Hütteldorf. Pour ceux que la chose intéresse, nous dirons qu'il est bon de placer l'appareil en un point élevé, par exemple sur un de ces ponts qui traversent les voies et que l'on rencontre dans presque toutes les gares principales. On tourne l'objectif vers le train qui se dirige dans ce sens.

Dans divers ouvrages, on soutient la possibilité de photographier, d'un train en marche, le paysage qui défile. La chose n'est pas impossible, car la vitesse du train le plus rapide n'est pas assez considérable pour déplacer, sur le verre dépoli, pendant une pose aussi courte, les contours des objets qui se trouvent à une certaine distance. Il est certain que la plus grande chance d'insuccès est amenée par les trépidations violentes et constantes du plancher du wagon.

III. — Le vélocipède comme moyen de support de la chambre noire.

Beaucoup de photographes et amateurs anglais se servent du tricycle comme moyen de locomotion dans leurs excursions. Ce véhicule est entré tout à fait dans les mœurs anglaises où on lui a donné des applications pratiques; il se prête assez bien à porter le bagage photographique. Nous le considérons plutôt comme un auxiliaire utile dans les excursions ou les voyages du photographe que comme un instrument devant servir aux opérations photographiques elles-mêmes, en station. Parmi les nombreuses constructions lancées dans le commerce, la meilleure pour cette destination spéciale est celle (*fig.* 61) connue sous le nom de *Conventry-*

Figure 61. — **Tricycle appliqué à la photographie.**

Rotary, de MM. Rudge et C°. La chambre noire se fixe sur le tricycle au moyen d'une genouillère, à moins que l'on ne préfère emporter avec soi le trépied ordinaire. Chambre, pied et accessoires doivent former un bagage peu encombrant. La figure 62

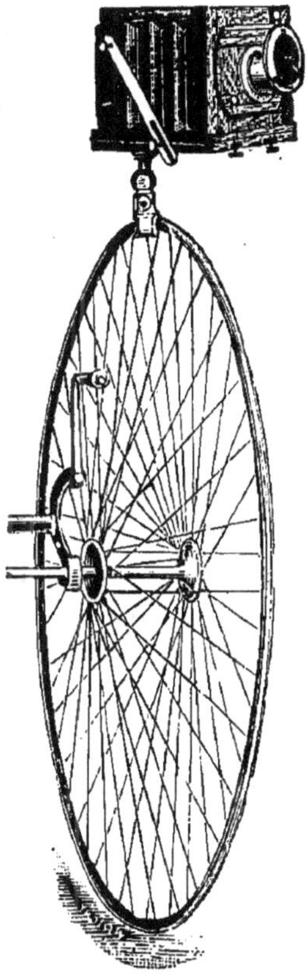

Figure 62. — **Chambre fixée sur la grande roue du tricycle.**

montre une autre disposition adoptée par beaucoup d'amateurs photocyclistes : l'appareil photographique se fixe directement sur la grande roue, où il se trouve perché assez haut.

CHAPITRE XIV

La Photographie en Ballon.

Il n'est pas nécessaire d'insister sur l'intérêt spécial qui s'attache à la résolution du problème de la photographie en ballon. Cette branche de la photographie a attiré dès l'origine des instantanées l'attention des photographes, des aéronautes et des ingénieurs militaires. Les premiers essais furent faits en 1859, et depuis cette époque nous voyons de temps à autre surgir des résultats plus ou moins heureux. On avait alors en vue la reproduction des spectacles grandioses qui attendent le voyageur dans les hautes régions, ou les levés topographiques civils et militaires. L'aéronaute rapporte sur la plaque photographique l'image fidèle du spectacle qui se déroule sous ses yeux, ou le plan exact d'une forteresse ou d'un camp ennemi pris à vol d'oiseau. L'emploi des ballons dans l'art militaire fut préconisé en 1783 par le lieutenant de génie Meussnier, et mis en pratique au siège de Valenciennes, en 1793. En 1859, Nadar essaya, pour la première fois, de photographier les positions ennemies à Solferino. Un cliché (pourtant peu net) fut pris du champ de bataille. Ces essais, continués par Nadar en 1860, furent couronnés d'un meilleur succès. Vers la même époque, deux aéronautes américains, King et Block, photographiaient Boston. Trois ans plus tard, Negretti se risquait à photographier d'un ballon libre un des faubourgs de Londres.

Glaisher et Coxwell firent, vers la même époque, des essais météorologiques et photométriques : entre autres ils observèrent dans les hautes régions le noircissement du chlorure d'argent.

Pendant l'exposition de 1878, Dagron prit, du ballon captif de Giffart, le panorama de Paris à une altitude de 500 mètres, et en

1880, DESMARETS, montant à 1,100 mètres, prit des photographies de la terre et des nuages. Ces remarquables épreuves se trouvent au Conservatoire des arts et métiers, à Paris.

En 1883 et 1885 se produisirent les remarquables ascensions de SHADBOLT et de TISSANDIER; les clichés photographiques obtenus par ces habiles aéronautes surpassent de beaucoup les travaux de leurs prédécesseurs.

Vers la même époque, de semblables tentatives furent faites à Vienne. HANS LENHART et SILBERER obtinrent de très bons clichés.

Déjà en 1862, un photographe viennois, KARL GÜNTHER, fit la proposition de confier un appareil photographique à un ballon sans nacelle et d'opérer le déclanchement de l'objectif au moyen d'un courant électrique. WALTER B. WOODBURY revint en 1877 sur cette idée. Sa chambre n'avait qu'un poids de six kilogrammes; elle portait sur un disque rotatif quatre plaques sensibles qui venaient à tour de rôle se présenter, au moyen d'un dispositif électrique, au foyer de l'objectif. Des fils métalliques transmettaient de la terre la volonté de l'opérateur et déclanchaient tantôt le disque, tantôt l'obturateur.

Pour la photographie en ballon, le groupe des Aplanats, Antiplanats et Euryscope conviennent parfaitement. Le Dr Stolze prétend même que les Pantoscopes de 25 centimètres de foyer sont encore possibles. A une hauteur de 1,000 mètres, ces derniers donnent déjà 1 : 4000 comme indice.

Ce qui rend la photographie en ballon difficile, c'est le mouvement rotatif du ballon et les trépidations presque continuelles de la nacelle. Le moindre mouvement du voyageur se communique au ballon. La pose de la main sur le rebord de la nacelle fait même vibrer celle-ci. Le meilleur moment d'opérer semble donc être celui où le ballon, quittant la terre, est enlevé par sa force ascensionnelle. Le mouvement rotatif, dont nous parlions plus haut, nuit surtout à la netteté du négatif obtenu.

Si ce mouvement fait tourner le ballon six fois par minute sur son axe, une pose de 1/10e de seconde ne donne pas un négatif net ; il faudra diminuer la pose jusqu'à 1/50e de seconde pour l'obtenir. Le Dr Stolze prétend que le mouvement pendulaire de la nacelle est plus néfaste encore. Le ballon, avec plus de volume, n'a qu'un poids minime tandis que la nacelle est fort lourde. Les coups de vent porteront donc celui-ci en avant tandis que la nacelle traînera. En reprenant son équilibre, celle-ci prendra un mouvement de va-et-vient très préjudiciable aux opérations photographiques. Les ballons captifs ont des amplitudes de mouvement

Figure 63. — **La nacelle et l'appareil de M. Shadbolt.**

encore plus considérables, et l'on ne saurait dans ces conditions espérer de conduire à bonne fin un travail photographique.

C'est au moment où le ballon atteint les hautes régions et qu'il se meut doucement dans le sens horizontal que le photographe se trouve dans de bonnes conditions. Les temps de pose de 1/30 à 1/500 de seconde donnent alors des clichés bien nets. Le Dr Stolze a fait avec M. Meydenbauer une étude toute spéciale de la photographie en ballon, ses travaux concluent à un système de suspension de la nacelle qui se rapproche du système d'attache des cerfs-

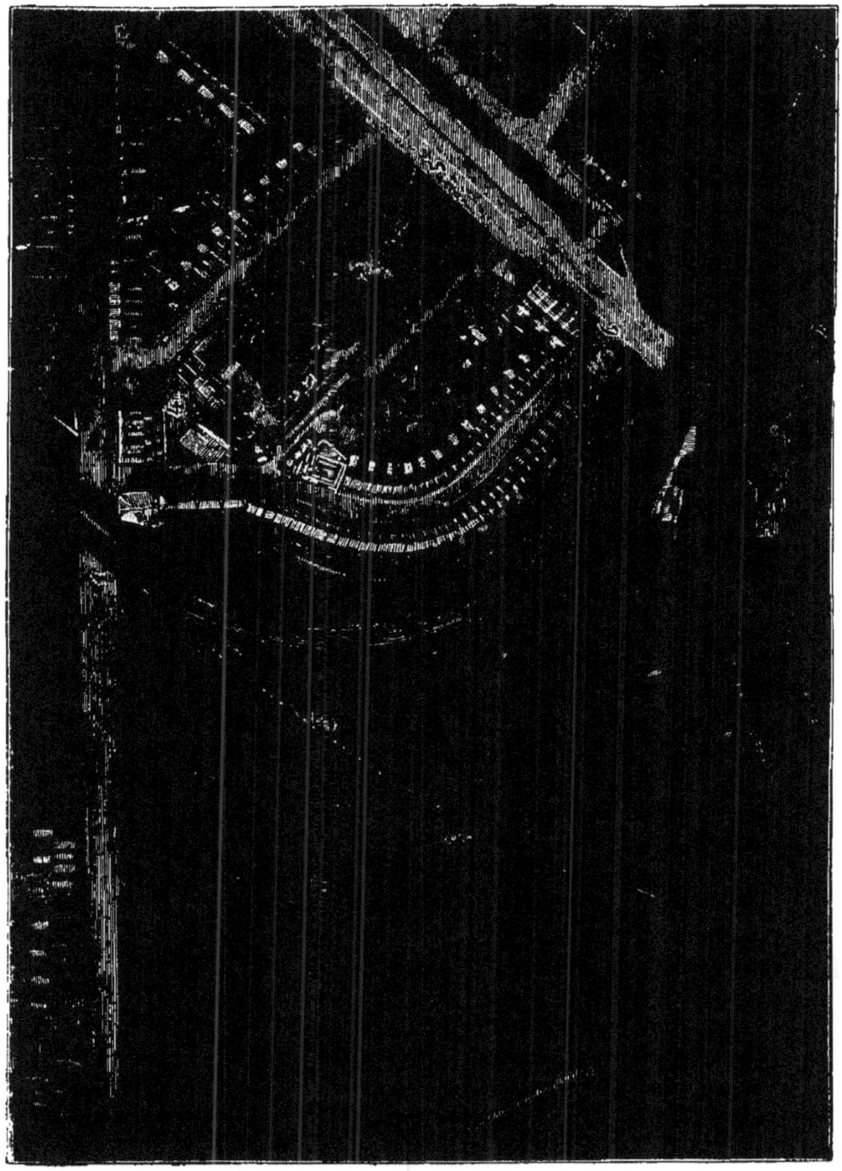

Figure 64. – Un quartier de Londres photographié du ballon le « Monarch. »

volants. Ce système décrit dans le *Photographisches Wochen-*

blatt, 1881, p. 328, n'a pas reçu, que nous sachions, une exécution pratique.

Nous donnerons plus loin quelques reproductions de clichés pris en ballon. Cecil V. Shadbolt, aéronaute anglais, entreprit en 1883-1884 avec son ballon « Monarch » plusieurs ascensions photographiques dont les résultats figurèrent aux diverses expositions de cette époque. La figure 63 nous donne l'aménagement de la nacelle; entre l'aéronaute et son aide, M. Dale, se trouve la chambre photographique. Les figures 64 et 65 ont été faites d'après des clichés de M. Shadbolt. La première est une rue de Londres, prise à 650 mètres. Sur l'épreuve originale on distingue parfaitement les rues, les maisons, et même un train en marche.

Figure 65. — **Vue de la Tamise prise du ballon le « Monarch ».**

Le cliché de la figure donnant une vue de la Tamise n'a pas été fait avec la chambre placée verticalement; il ne donne pas un plan, mais une vue en perspective.

La photographie en ballon fut également étudiée en France. M. Gaston Tissandier, l'éminent directeur du journal *La Nature*, fit le 15 juin 1885, une ascension photographique en compagnie de M. Jacques Ducom. La figure 66 nous montre la disposition adoptée par cet amateur distingué. Une chambre touriste 13 × 18, munie d'un objectif rectilinéaire de M. Français, *f.* 35, diaphragmes 0.25 millimètres, était fixée verticalement au rebord de la nacelle et pouvait être inclinée en avant et en arrière. L'obturateur était une simple guillotine sollicitée par des élastiques attei-

Figure 66. — **Appareil fixé sur le rebord de la nacelle.**

gnant une vitesse de 1/50 de seconde. Le départ eut lieu à La Villette à 1 hre 40 mtes, et le ballon fut poussé par le vent dans la direction du S.-O. Dix minutes après le départ, le premier cliché fut obtenu. Les voyageurs se trouvaient au-dessus du « Bon Marché, » rue de Babylone, à 670 mètres de hauteur. Le second cliché prit la préfecture de police. Bientôt le ballon traversait la Seine. Au-dessus de l'île St-Louis, M. Drecom déclanchait de nouveau son obturateur, à 605 mètres. Le cliché vint au développement avec une richesse de détails incroyable. On pouvait compter les cheminées et les arbres des allées (*fig.* 67). Les rues étaient parfaitement tracées et un Parisien n'aurait pas eu recours au plan de la figure 68 pour s'y retrouver. D'autres plaques encore furent exposées pendant le voyage à 600 et 1,000 mètres d'altitude, tant au-dessus de Paris qu'au-dessus des campagnes. Les

Figure 67. — **Reproduction par la zincographie d'une instantanée prise du ballon de M. Tissandier par M. Ducom,** le 15 juin 1885.

aéronautes essayèrent même de photographier les nuages, mais les résultats ne furent pas satisfaisants, l'intensité de la lumière étant trop grande. Le diagramme du voyage et un plan de la route

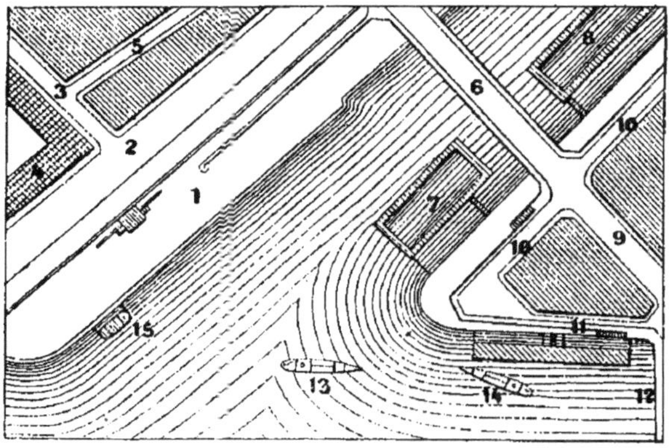

Figure 68. – **Plan explicatif de la figure 67.**

1. Port de l'Hôtel-de-Ville. — 2. Quais de l'Hôtel-de-Ville. — 3. Rue de Brosse. — 4. Caserne Lobau. — 5. Rue de l'Hôtel-de-Ville. — 6. Pont Louis-Philippe. — 7 et 8. Bains froids — 9. Rue de Bellay. — 10. Quai Bourbon. — 11. Quai d'Orléans. — 12. Pont Saint-Louis. — 13 et 14. Bateaux mouches. — 15 Ponton.

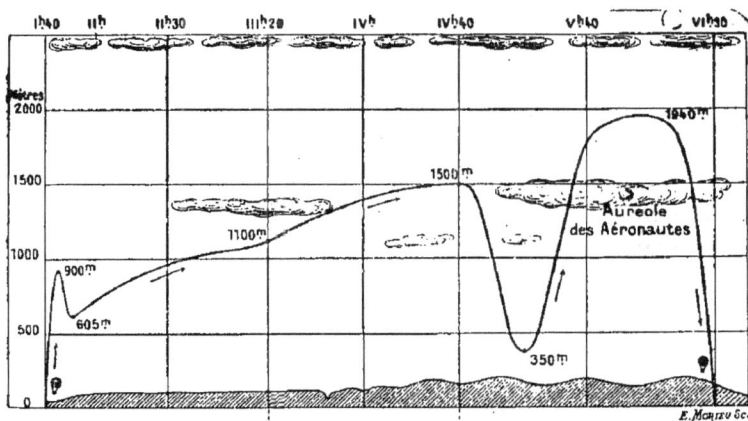

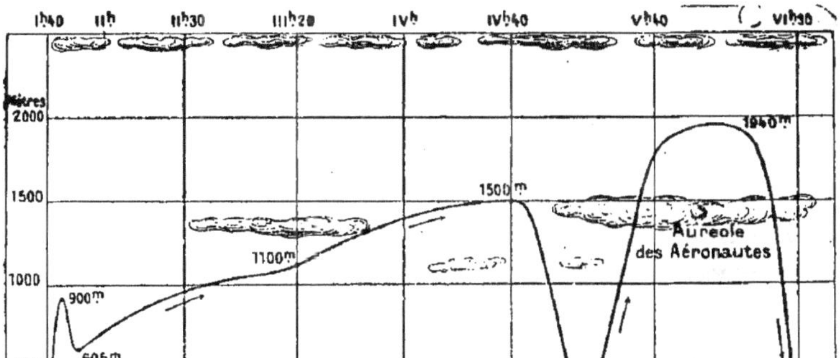

Figure 69. – **Diagramme et carte de l'ascension du ballon de M. Tissandier.**

suivie sont donnés dans la figure 69. A 6 h^res^, le ballon dépassant les nuages atteignit 1,940 mètres et alla atterrir à 6 h^res^ 30 min^tes^ aux environs de Reims. M. Tissandier a publié une relation complète de son voyage dans son excellent journal *la Nature*, où les clichés cités ont paru en premier lieu. Il conclut que la photographie aérostatique est appelée à un grand avenir pour le levé des plans de forteresses et autres ouvrages militaires. Au point de vue géographique, elle permettra de retracer les lieux dont l'accès est difficile ou impossible.

La Photographie en Ballon, au service de la Géodésie.

Quoique les clichés obtenus dans une ascension photographique soient suffisamment nets, on peut cependant soutenir que la surface sensible n'est jamais suspendue assez horizontalement au dessus du terrain qu'elle est destinée à photographier. Les erreurs qui en résultent sont trop considérables pour que le cliché puisse servir directement à un levé géodésique. Le Dr Stolze a proposé une méthode très simple pour les rectifier. Sur une surface plane du terrain à lever, il marque des carrés assez grands (de 200 mètres de côté) au moyen de jalons qui se reproduisent facilement sur le cliché. On peut dès lors tirer les résultantes de la distorsion-perspective et rétablir les dimensions vraies et les lignes géométriques. Ce travail n'est plus aussi aisé lorsque le terrain est ondulé ou montagneux; il faut alors recourir à une opération photogramétrique ordinaire pour trouver les différences de niveaux et rapporter tous les points de repère du cliché à un seul horizon. Malgré ce nouveau travail, on peut cependant dire que l'opération est de beaucoup simplifiée par la photographie et que la méthode qu'elle donne est de beaucoup supérieure à toutes celles qui ont été proposées jusqu'ici. En plaine, le cliché pris d'un ballon fournit un levé géodésique des plus satisfaisants et nous sommes persuadés que dans un avenir prochain, la photographie en ballon rendra de nouveaux et incontestables services.

CHAPITRE XV

La Photographie instantanée en Astronomie et en Météorologie.

La photographie a rendu déjà de grands services à l'astronomie et à la météorologie ; ainsi grâce à elle on est parvenu à prouver la sphéricité de la lune. Nous ne nous arrêterons pas à la photographie de la couronne du soleil, mais nous décrirons les appareils construits par M. Janssen et destinés à photographier instantanément des séries de phénomènes célestes. L'éminent astronome de l'Observatoire de Paris s'est servi de la photographie pour retracer d'une manière indubitable les phénomènes qui accompagnent le passage de Vénus sur le soleil. Déjà, en 1874, il avait construit une espèce de revolver dans lequel une surface sensible en rotation recevait successivement et à de courts intervales des impressions lumineuses. La figure 70 nous retrace le passage du Vénus sur le soleil ; la série de photographies instantanées fut prise en 70 secondes. Le disque de Vénus se détache en noir sur la partie éclairée fournie par la lumière solaire. Les différentes phases des phénomènes ont été fidèlement retracées. L'appareil de M. Janssen a été le point de départ des remarquables travaux de M. Marey. Dans ces derniers temps, l'emploi de la photographie a été proposé pour étudier les nombreuses étoiles filantes qui se présentent dans notre atmosphère, à certaines périodes. La chute de bolides, si intéressante, du 27 novembre 1872, alors que la terre traversa la queue de la comète de Biela, engagea fortement le Dr Zenker à se servir de la photographie comme moyen d'observation du même phénomène, qui devait se renouveler le 27 novembre 1885. Quoique la chute des étoiles filantes se fasse avec une grande vitesse, elles ont pourtant une action sur la plaque sensible ; il n'est donc pas étonnant que l'appareil braqué sur le ciel fournisse un négatif sur lequel, à côté des légers tracés fournis par les étoiles, on découvre la trajectoire de cette chute.

En plaçant deux appareils, bien parallèles, à la distance de quelques kilomètres l'un de l'autre et en déclanchant électriquement en même temps leurs obturateurs, on obtiendra deux négatifs sur lesquels on pourra reconstituer la trajectoire entière des météores.

La photographie est chargée aujourd'hui de retracer les phéno-

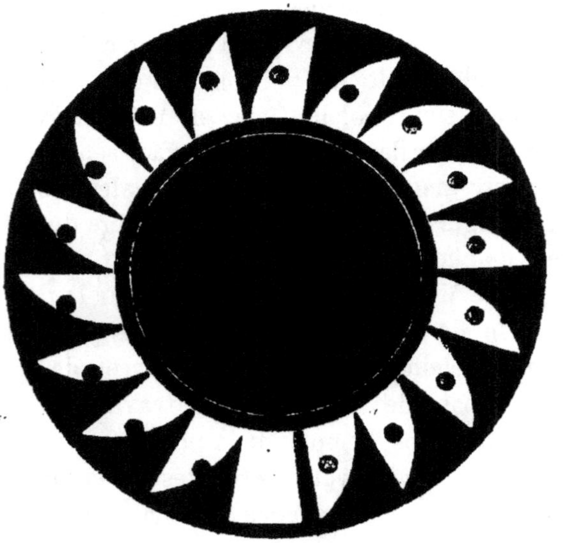

Figure 70. – Image positive obtenue par M. Jansen lors du passage de Vénus sur le soleil, le 8 décembre 1874.

mènes célestes dans presque tous les observatoires du globe et il est certain que fort peu d'essais n'ont pas répondu à l'attente des astronomes. Après la terrible éruption du volcan Krakateo (27 août 1883), le ciel prit une forte coloration qui, s'alliant à d'autres manifestations météorologiques, éveilla l'attention des astronomes. Ces phénomènes, provenant probablement de la projection d'une quantité colossale de particules poussiéreuses ou de vapeurs, se manifestaient même en Europe. Thollon relate que le ciel de Nice, ordinairement si pur, se troubla et resta voilé pendant plusieurs jours. Le soleil, même pendant les jours les plus beaux, resta enveloppé d'un *halo*.

Ch. Mousette fit la même observation un peu plus tard et essaya de photographier le phénomène observé, opération qui lui réussit parfaitement, le 23 avril 1884. La figure 71, qui a paru dans *La Nature*, nous retrace ce *halo* qui est très caractéristique.

Les météorologues ont généralement reconnu que l'observation

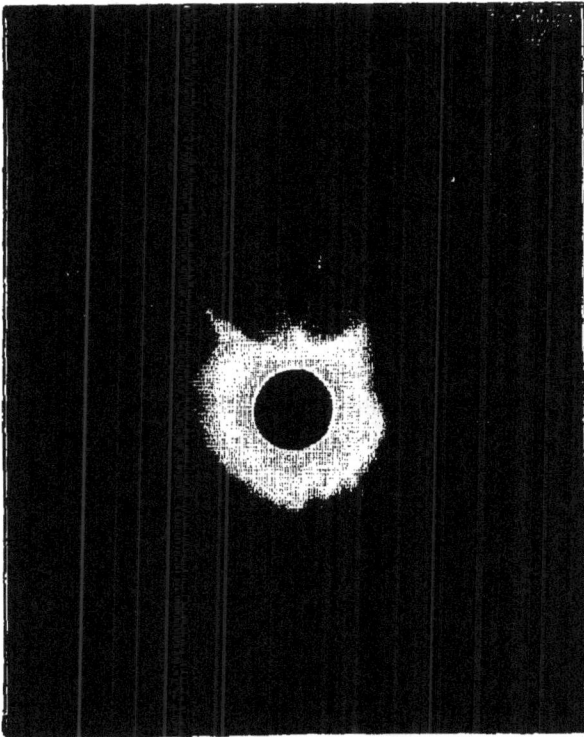

Figure 71. — Halo de soleil.

attentive des nuages, de leur forme, de leur hauteur, était d'une grande utilité pour l'étude des phénomènes atmosphériques.

Le nephoscop, inventé en 1860 par le docteur Zenker, malgré les améliorations de Braun (1867), ne donne exactement, ni la hauteur des nuages, ni leur direction ; il n'est donc pas étonnant que l'usage de cet instrument soit remplacé par l'emploi de l'appareil photographique.

Harwer décrit en 1881 un appareil pour photographier stéréoscopiquement les nuages et obtenir des données sur leurs formes et leurs dimensions verticales. Le capitaine Abney entreprit, en 1883, à Kew des essais sur une plus vaste échelle. Il fit établir aux deux bouts d'une base de 200 mètres environ, deux chambres photographiques dirigées vers le ciel qui, par un déclanchement électrique, photographiaient au même moment une même série de nuages. Il en obtint ainsi les données pour en déterminer les dimensions trigonométriques. Le docteur Zenker fit également des essais pour déterminer, au moyen de la photographie, la hauteur des nuages. Il employait (1882) deux ou trois objectifs de 50 centimètres de foyer et des plaques de 14 centimètres carrés. Les chambres étaient montées verticalement. Les épreuves obtenues démontrèrent que les cirrus planent moins haut qu'on ne le pensait jusqu'alors. C'est par ces observations que l'on peut suivre pas à pas le courant descendant de l'air chaud ou humide ou bien enregistrer l'ascension des cirrus le matin et leur descente le soir. On parvient ainsi à calculer la vitesse exacte des divers courants atmosphériques, leur point de rencontre parfois très éloigné, leur influence sur les pressions minima, la formation de la pluie à l'intérieur des nuages et leur forme véritable. Ainsi se montre l'observation des nuages, au moyen de la photographie instantanée, un auxillaire puissant de la météréologie pratique et scientifique; et il serait à souhaiter que ces observations photographiques fussent pratiquées systématiquement et pendant un temps assez long dans les stations météorologiques.

Une des plus curieuses instantanées atmosphériques obtenues est celle transmise par M. Robinson Howard, de Dakota, à M. Holden, directeur de l'Observatoire de Washburn, et relatée dans les comptes rendus des séances de l'Académie des sciences de Paris. C'est une photographie du terrible ouragan qui désola le 28 août 1885 les environs de la ville de Dakota. Les journaux du Wisconsin donnèrent au *tornado* une vitesse de 64 kilomètres et la zone ravagée avait une largeur de 91 mètres. Le terrible tourbillon, par son extrémité inférieure, rasait le sol en arrachant et en détruisant tout ce qu'il rencontrait sur son passage ; il soulevait des flots de poussière et c'est ces colonnes mobiles que M Howard photographia fortuitement.

On a observé que ces formidables tourbillons sont amenés par des troubles dans les couches supérieures de l'atmosphère ; qu'ils se meuvent dans une certaine direction avec des vitesses effrayantes sans presque changer leurs formes : on dirait qu'ils ne font que glisser sur les couches inférieures L'observation approfondie de ces tourbillons appelés *cyclone* ou *hurricane* aux Antilles, *typhon* dans la mer de Chine, etc., rendrait de grands services à la navigation qui n'a, pour les prévoir, que des relations empiriques ou fabuleuses.

CHAPITRE XVI

La Photographie instantanée et l'étude des mouvements physiques.

Le physicien et le mécanicien, de même que le physiologue, ont quelque intérêt à déterminer la trajectoire d'un corps. On obtient cette trajectoire toute tracée si l'on photographie par séries un corps blanc se mouvant devant un fond entièrement noir. Des problèmes plus compliqués, tels que le tracé des *cycloïdes*, dont le calcul demande une certaine somme de connaissances mathématiques, se résolvent facilement au moyen de la photographie instantanée. En fixant sur un disque noir un point blanc et le faisant mouvoir lentement, on obtient sur le cliché photographique la courbe continue, *la cycloïde*.

Lorsqu'on photographie la trajectoire décrite par un corps qui vole ou qui tombe, il importe de noter le temps, afin de pouvoir déterminer les lois qui régissent les mouvements. Le photographe sait devant quels points du fond noir se meut le corps lumineux, mais il ignore le chemin parcouru par le corps à chaque instant de sa course lorsqu'il se livre à une opération photographique ordinaire.

Pline, à qui nous devons les dispositifs indiqués plus bas, démontrait déjà que ces petits appareils modifiaient les trajectoires, suivant la position de leur centre de gravité, la courbure des ailes, la largeur de leur surface, la longueur et la position de la queue. La connaissance de ces mouvements est d'une grande importance dans l'explication des lois mécaniques du vol planant de certains oiseaux.

Si l'on suspend l'un de ces petits appareils par le bout de la queue, qu'on le soulève pour l'abandonner ensuite subitement à lui-même, il commencera à tomber presque verticalement, mais bientôt il s'écartera de sa voie, il se portera en avant avec une vitesse accélérée que la résistance de l'air régularisera bientôt après. L'espace parcouru par l'appareil est quelquefois très étendu; il n'est pas rare que pour une chute de 2 mètres, le chemin parcouru soit de 7 à 8 mètres. D'autres fois, l'appareil, après avoir voltigé de côté, remonte à une certaine hauteur, mouvement analogue à celui de certains oiseaux de proie. Ce changement de direction auquel obéit le corps qui voltige doit être attribué à la variation d'inclinaison que subit le corps pendant sa chute. Il est difficile de se rendre compte de ces mouvements se succédant très

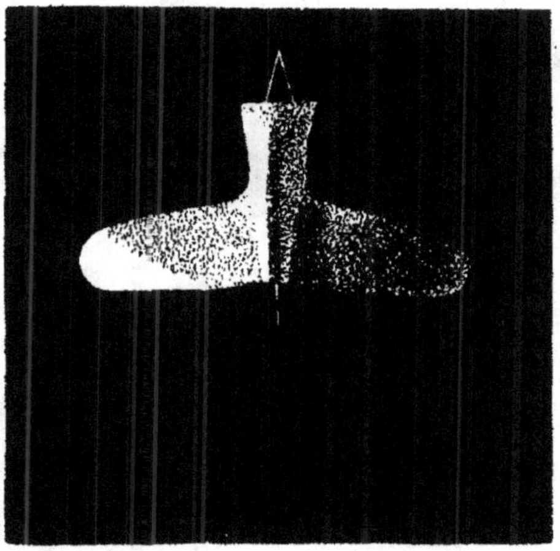

Figure 72. — Appareil volant de Pline.

rapidement, car l'œil ne peut juger de ces écarts que d'une façon bien incertaine. Pour déterminer les causes qui modifient la vitesse de l'appareil dans l'air, il est absolument nécessaire de tracer, par une série d'expériences, la trajectoire décrite; expériences dans lesquelles il faudra modifier l'équilibre, la surface et la forme de l'appareil. La photographie donne tous les renseignements qu'on lui demande et il pourrait être très utile de communiquer ces résultats à ceux qui s'occupent de la direction des ballons; ils y puiseraient des renseignements précieux. La figure 72 nous fait voir un des appareils de Pline.

Les deux ailes symétriques ont été coupées dans un même papier et sont pliées à angle droit. A ce pli se trouve fixé un fil de fer terminé par une boule de cire ; l'appareil peut se déplacer sur le fil afin d'éloigner ou de rapprocher le centre de gravité des ailes. La queue est faite d'une bande de papier et peut être placée,

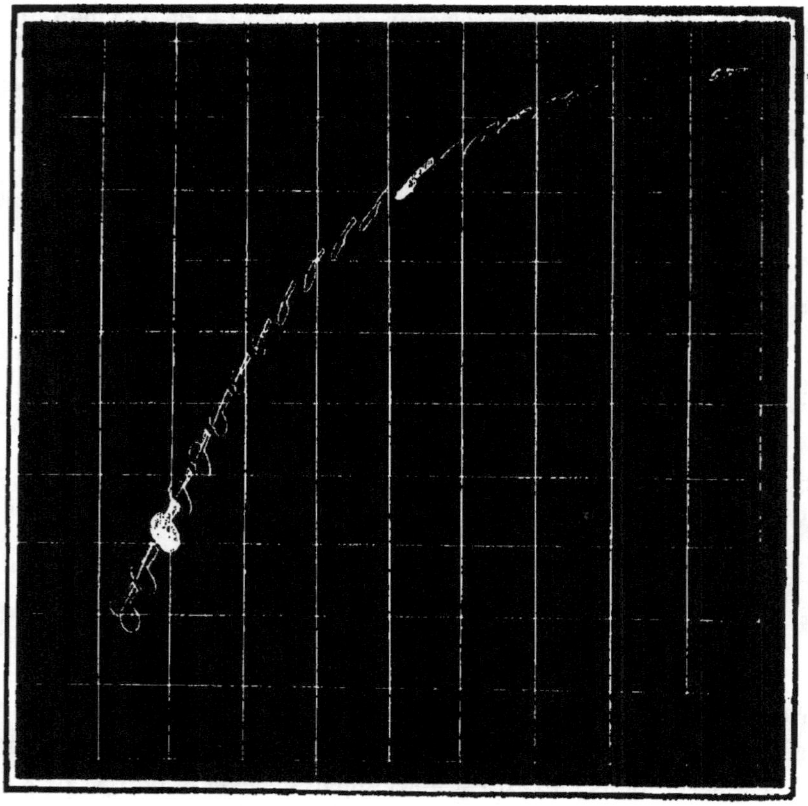

Figure 73.

comme les ailes, dans différentes positions. Toutes ces dispositions ont une influence marquée sur la trajectoire parcourue.

Pour connaître dans chaque cas la position et la direction de l'appareil aux différents points de la course, il suffit de la photographier comme il a été dit plus haut. La figure 73 nous retrace cette trajectoire et enregistre les diverses vitesses acquises par l'appareil volant.

M. Marey (1) décrit la méthode qu'il faut employer pour noter le temps. Au lieu de laisser l'appareil constamment découvert devant le corps lumineux, il convient de l'obturer à des intervalles

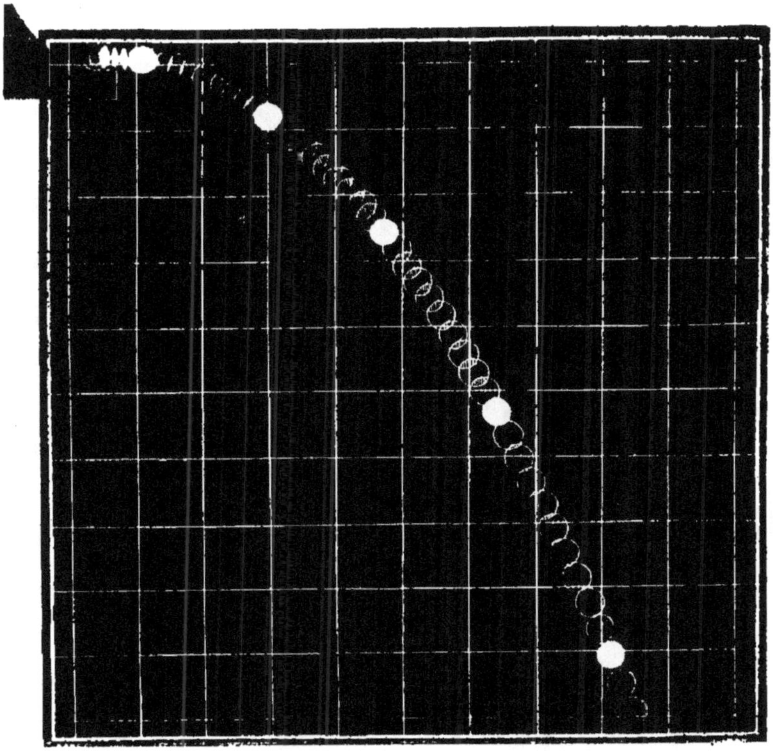

Figure 74. — Tracé chronographique d'un corps qui tombe librement après avoir parcouru un chemin horizontal.

réguliers et connus. Par cette action intermittente de la lumière, on obtiendra sur le négatif un tracé brisé.

Pour obtenir une interruption régulière dans l'admission de la lumière à l'intérieur de la chambre noire, on fait mouvoir devant

(1) *Développement de la méthode graphique par l'emploi de la photographie*, 1884, p. 42.

l'objectif, au moyen d'un mouvement d'horlogerie, un disque tournant dix fois par seconde autour de son axe. Dans ce disque sont percées dix fentes, ou fenêtres, qui admettent la lumière 100 fois par seconde dans la chambre noire. De cette façon, le tracé photographié accusera des lacunes qui donneront la mesure de l'espace parcouru par le corps lumineux dans 1/100 de seconde. Selon la vitesse du corps lumineux, sa trajectoire sera dessinée par des

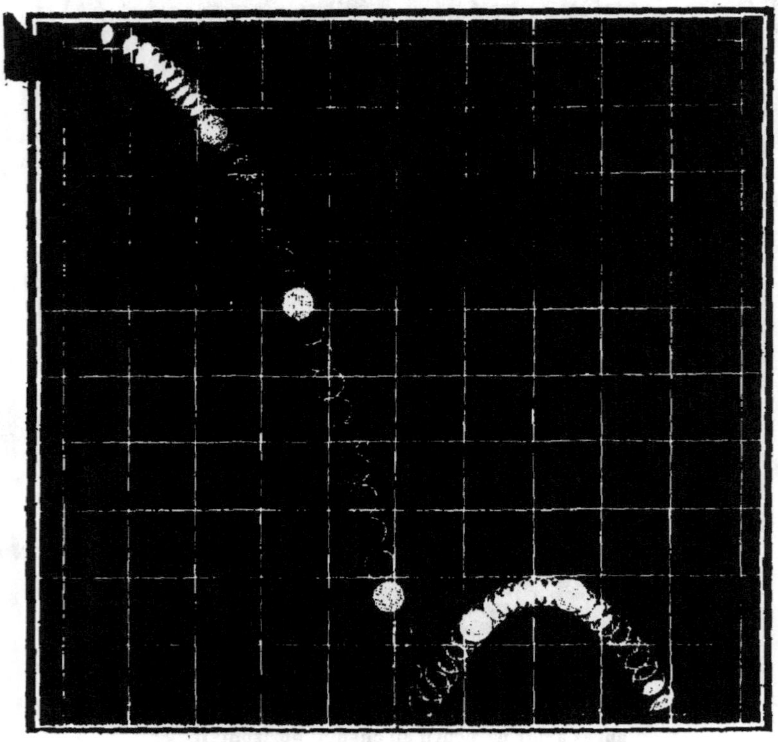

Figure 75. — **Tracé chronographique d'un corps tombant et rebondissant.**

points très rapprochés ou plus ou moins distancés dont l'écartement accusera l'espace parcouru par le corps lumineux pendant l'exposition.

Dans la courbe parabolique (*fig.* 74) d'un corps jeté horizontalement, nous remarquons que les images sont très rapprochées pendant la première période de la chute du corps, alors que celui-ci n'a acquis qu'une faible vitesse; peu à peu ces images s'espacent, parce que la vitesse de la chute a augmenté.

Une des fenêtres du disque est plus grande que les autres afin d'obtenir une image plus intense qui puisse servir de point de repère.

Marey a obtenu, au moyen de cette méthode, la trajectoire d'une balle d'ivoire qui tombe sur une table de marbre et qui rebondit ensuite (*fig.* 75). Certains corps subissent pendant leur chute un changement dans leur mouvement sur eux-mêmes, qu'il serait très intéressant de pouvoir étudier. M. Marey a cherché, sans y parvenir, à déterminer les changements de mouvements sur eux-mêmes de certains *corps volants* dont il étudiait la trajectoire de chute. Ainsi, certains dispositifs en papier, qui ont la forme d'un oiseau, produisent dans leur chute des mouvements fort extraordinaires qu'il serait intéressant de saisir dans l'intérêt de l'étude des mouvements mécaniques du vol des oiseaux.

CHAPITRE XVII

Instantanées de coups de canon, — de balles de fusil et d'obus lancés. — Explosions de mines et photographies des ondes sonores.

I. — INSTANTANÉES DE COUPS DE CANON.

Le tir du canon ou le coup de fusil sont des actions qui n'exigent qu'un temps très court pour s'accomplir. Au moment du tir, une colonne compacte de fumée s'échappe du canon. Elle change rapidement de consistance et de forme, en roulant sur elle-même et finit par s'émietter dans l'air en une masse légère, sans contours définis. De tout temps, les procédés graphiques ont retracé le tir du canon ou les coups de fusil, mais on peut affirmer que les images créées ne l'ont jamais été d'après la nature et que longtemps la fantaisie seule a présidé à leur naissance sans éveiller davantage l'observation (1).

Il faut déployer une grande somme de patience avant de parvenir à photographier convenablement la masse de fumée qui s'échappe au moment du tir de la bouche du canon. Si l'exposition a lieu une seconde trop tard, la fumée remplit déjà entièrement l'air ambiant. Faite une seconde trop tôt, les gaz produits par la combustion de la poudre se trouvent encore dans l'âme de l'arme. On a remarqué que les charges à blanc fournissent un tout autre volume de fumée que les charges complètes. Le temps de pose exigé pour ces instantanées varie de 1/50e à 1/300e de seconde ; en

(1) La *balistique* détermine aujourd'hui par le calcul la forme des trajectoires suivies par les projectiles dans l'air. (Note des traducteurs.)

règle générale, il faut le réduire autant que possible pour obtenir une image nette : on peut y parvenir malgré l'extrême rapidité du phénomène.

II. — INSTANTANÉES DE MINES FAISANT SAUTER DES ROCHES SOUS L'EAU

A l'entrée du port de New-York se trouvait presqu'à fleur d'eau un rocher énorme (Devil's gate) qui l'obstruait. La navigation était dangereuse, malgré les nombreux signaux que les autorités du port avaient fait multiplier. L'Amirauté résolut donc de débarrasser à tout jamais le port de cette cause perpétuelle de sinistres.

Pendant plusieurs années, on fora dans la roche et cela en-dessous du niveau de la mer de nombreux trous de mines qui firent de l'immense rocher une véritable écumoire. Ces mines, chargées de dynamite, furent reliées entre elles et, le 10 octobre 1885, une décharge électrique qu'on avait lancée du rivage, en présence d'un concours considérable de spectateurs, mit le feu à tout le système explosible. A cette solennité, la photographie instantanée affirmait encore une fois sa puissance d'observation. M. E. P. Griswold, photographe à New-York, s'était rendu, avec beaucoup d'autres, à bord d'un vapeur dans le voisinage de l'immense mine et il fut assez heureux pour obtenir, au moment de l'explosion, un bon négatif du grandiose spectacle. Une immense masse d'eau, mêlée de pierres et de bois, fut projetée dans l'air, à plus de deux cents pieds de hauteur. Les journaux américains *The World* (11 octobre 1885) et le *Scientific american* (17 octobre 1885) ont donné des gravures d'après ce cliché. Notre figure 76 est également une reproduction du négatif de M. Griswold. D'autres négatifs furent faits ce jour avec un égal succès par MM. Beach, Ripley, Dubois, Darrow, etc.

III. — INSTANTANÉES DE GERBES D'EAU

Les formes capricieuses que prend une gerbe d'eau lorsqu'on projette cette dernière dans l'air ont tenté beaucoup de photographes. On laisse tomber ordinairement un corps lourd d'une

grande hauteur dans une masse d'eau et, au moment où cette dernière jaillit, on ouvre l'objectif. Ou bien on fait lancer par un aide l'eau contenue dans un seau et on photographie la nappe projetée dans l'espace. Le temps de pose exigée par ces instantanées a été estimé par le professeur Pickering à 1/50e ou 1/500e de seconde.

IV. — ABATAGE D'UN MULET PAR L'EXPLOSION D'UNE CARTOUCHE DE DYNAMITE

Une expérience très curieuse fut faite, en juin 1881 par M. Henry L. Abbot, pour démontrer la sensibilité des plaques à la gélatine. Une compagnie de transports militaires devait procéder à l'abatage de ses mulets mis à la réforme. M. Abbot obtint de pouvoir se servir à cet effet d'une cartouche de dynamite et, au moment de l'explosion, un appareil photographique entrait en fonction. La figure 77 nous montre le mulet avant l'explosion et

Figure 77. — **Abatage d'un mulet au moyen d'une cartouche de dynamite. Avant l'explosion de la cartouche.**

la figure 78, l'animal foudroyé. Sur le devant de la tête du mulet, on avait fixé une cartouche de dynamite dont un circuit électrique, que fermait l'opérateur, déterminait l'explosion. Sur ce même circuit était greffé le déclanchement de l'obturateur, de telle sorte que le courant qui déterminait l'explosion fit jouer en

Figure 78. — **Abatage d'un mulet. Après l'explosion de la cartouche.**

même temps l'obturateur. Des deux négatifs, reproduits dans *The Scientific American*, le dernier nous montre la projection de la tête du mulet et la contraction nerveuse de la queue de l'animal.

V. — L'IMAGE D'UNE BALLE DE FUSIL LANCÉE

Il est plus difficile d'obtenir l'image d'une balle de fusil lancée que de photographier la fumée d'un canon qu'on vient de décharger. Quoique la vitesse d'un boulet soit très grande (500 mètres à la seconde), on est cependant parvenu à photographier, à l'arsenal de Woolwich (1886), un boulet après qu'il eut quitté l'âme de la pièce. Pour y arriver, il a fallu adopter des dispositifs spéciaux, parmi lesquels le plus pratique et le plus certain est certes celui du docteur Mach, de Prague. Celui-ci dispose dans une chambre entièrement obscure, l'appareil photographique et le pistolet chargé de lancer la balle. Comme aucun obturateur ne serait assez rapide pour donner, avec une pareille vitesse de translation, une image nette, le professeur Mach a imaginé de charger la balle elle-même d'émettre, au moment voulu, la quantité de lumière nécessaire à l'opération photographique. Dans une chambre hermétiquement close, il pose (*fig.* 79) la chambre noire *P*, dont l'objectif *K* est découvert; la balle lancée brise deux tubes de verre dans lesquels se trouvent deux fils qui, au moment d'être touchés, émettent une étincelle électrique rapide destinée à éclairer la balle. Le circuit d'une batterie *F* (1) se trouve rompu aux points 1 et 2.

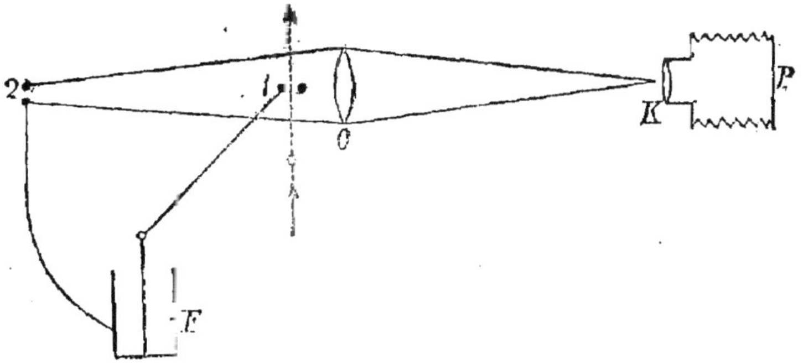

Figure 79. — **Instantanée d'une balle de fusil.**

Lorsque la balle, en passant devant l'oculaire *O*, brise les deux tubes de verre, elle relie momentanément les deux fils métalliques que ces tubes renferment. Par cette opération, la rupture du circuit n'existe plus qu'en 2. La tension du courant fait, dès lors, jaillir une forte étincelle entre les deux points assez rapprochés de 2. La lumière émise éclaire la balle qui, en quittant les deux fils métalliques, rompt de nouveau le courant et, par là, éteint la source lumineuse. L'oculaire *O* se charge de recueillir les rayons actiniques et de les diriger vers l'objectif *K*, ou ils viennent en *P* former l'image négative.

Les électrodes de 1 sont représentés dans la figure 80. En *gg* est un tube de verre monté sur la planchette *bb*; sur ce tube sont disposés deux bras en laiton *mm*. Ces bras sont en communication par les fils *dd* avec le circuit principal. Les fils métalliques, dont il est question plus haut, soudés aux bras *mm* sont renfermés dans les deux tubes en verre *rrrr* qu'on a eu soin de

(1). Bouteille de Leyde.

fermer en *cc*, afin d'éviter tout contact accidentel. Si la balle rencontre en *k* les tubes de verre *r*, elle les brise et le courant se ferme.

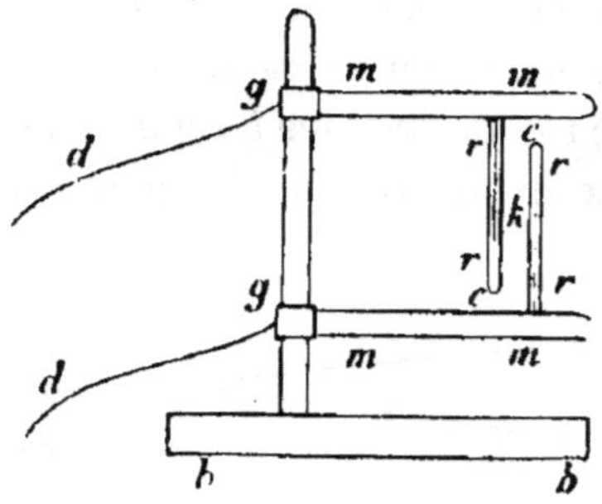

Figure 80.

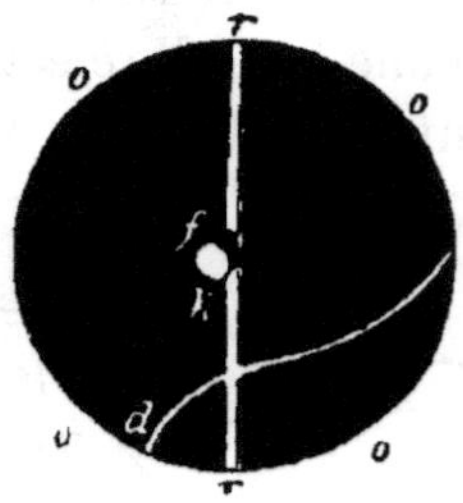

Figure 81.

Le schema de *l'image négative* est représenté dans la figure 81. *oooo* est l'oculaire éclairé par l'étincelle qui jaillit en 2; *rr* les deux tubes de verre; *dd* les fils du circuit, *f* la première étincelle qui se produit lorsque la balle rencontre les deux fils métalliques; *k* la balle elle-même, vivement éclairée. Les négatifs obtenus par M. le docteur Mach, au moyen de sa méthode, sont d'une netteté absolue.

VI. — L'IMAGE D'UN CHANGEMENT DE DENSITÉ DANS UNE COLONNE D'AIR

La figure 82 nous donne une instantanée obtenue par la méthode ondulatoire de Foucault-Töpler, au moyen du dispositif

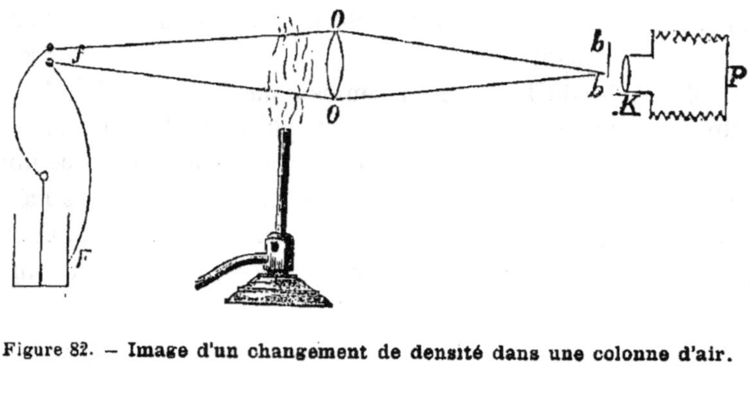

Figure 82. — Image d'un changement de densité dans une colonne d'air.

suivant : Dans une chambre noire une batterie électrique *F* est destinée à fournir en *f* une étincelle. Les rayons lumineux émis sont recueillis par l'oculaire *OO* et dirigés sur le diaphragme *bb* de l'objectif *K*. Si au moyen d'un bec Bunsen on produit une dilatation dans la colonne d'air en avant de l'oculaire *OO*, les rayons lumineux sont irrégulièrement brisés par celle-ci et arrivent ainsi en *P* pour y former une image négative.

VII. — L'IMAGE D'UNE ONDE SONORE

Ce fut Töpler qui le premier rendit visible une onde sonore. Mach continua ces études et s'appliqua surtout à obtenir l'éclairage instantané régulier et docile.

La batterie I (*fig.* 83) se décharge en 1 dans la batterie II, et celle-ci, au moyen d'un long fil mince *D*, dans la batterie III,

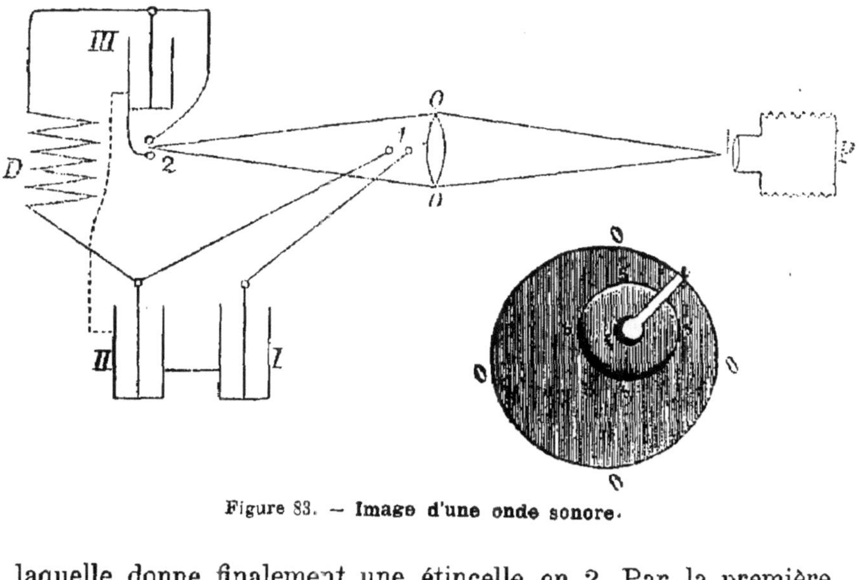

Figure 83. — **Image d'une onde sonore.**

laquelle donne finalement une étincelle en 2. Par la première décharge, il se produit en 1 une onde sonore. Lorsque celle-ci s'est développée jusqu'à une certaine proportion, il se produit 0.000'02 seconde plus tard, l'étincelle destinée à l'éclairer. L'onde sonore produit alors, comme dans le cas précédent, par la lumière irrégulièrement transmise, une image négative en P.

Les travaux du professeur Mach montrent comment la photographie instantanée, appliquée aux études scientifiques, se rend utile et amène des résultats remarquables. Il faut évidemment, pour réussir ces expériences et les rendre concluantes, beaucoup d'habileté, de perspicacité et de savoir faire.

CHAPITRE XVIII

Instantanées de la foudre et de l'étincelle électrique.

Par son expérience du cerf-volant, Benjamin Franklin, le grand citoyen américain, à démontré l'identité de la foudre et de l'étincelle électrique. Depuis ce jour, la manifestation grandiose et terrible de la foudre a été soigneusement soumise aux investigations du génie humain, et l'étude des divers phénomènes qui accompagnent la décharge électrique pendant un orage, forme une branche très importante de la physique. Les hypothèses sur la formation du fluide électrique au sein des nues n'eurent pas seules le don de passionner les savants. Les diverses formes prises par l'étincelle éveillèrent leur attention et contribuèrent beaucoup à perfectionner le paratonnerre et à rendre son emploi pratique et utile. Arago classe les coups de foudre en trois catégories : *foudre linéaire* ou *en zigzag*, *foudre à large surface* et *foudre en boule*.

La foudre linéaire manifeste sa chute par un ruban lumineux à arêtes vives qui tombe en ligne droite ou brisée.

La seconde catégorie de coups de foudre semble être une décharge latérale entre deux nuages : ce que le vulgaire, prenant l'effet pour la cause, explique en disant qu'elle déchire les nuages.

La troisième catégorie est moins fréquente dans nos contrées. La foudre apparaît bien rarement aux yeux de l'observateur sous la forme d'une boule ou d'un globe de feu. La foudre en zigzag est un des plus beaux, mais aussi un des plus dangereux phénomènes de la nature. Rien n'est plus saisissant que de la voir sortir subitement de la nuée orageuse, se profiler sur le ciel sombre en plusieurs traînées lumineuses, de colorations diverses, et de la voir frapper finalement le sol en y causant de terribles ravages. L'observateur devait regretter de voir cette manifestation si fugitive échapper à son investigation.

Wheatstone essaya, au moyen de dispositions ingénieuses, de mesurer la durée des coups de foudre. Par diverses observations, il constata qu'elle était moindre que 1/1,000,000e de seconde. Cette fraction infinitésimale a de quoi frapper l'imagination de l'homme; aussi les savants furent-ils fort étonnés à l'apparition des premières photographies de la foudre.

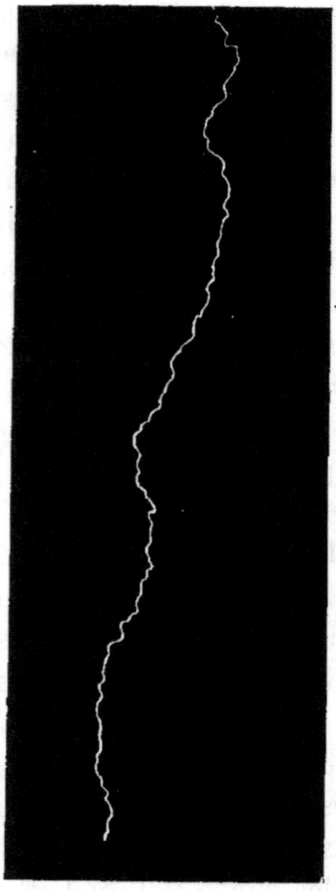

Figure 84. – **Instantanée d'éclair.**

Pendant l'orage du 6 juillet 1883, le photographe autrichien Robert Haensel, de Reichenberg, obtint, pour la première fois, après maints essais malheureux, une image de la foudre sur une plaque au gélatino-bromure. Vers la même époque, Crow obtint, accidentellement, une négative semblable. Le photographe anglais était occupé à photographier une tour d'église, lorsqu'un coup de tonnerre éclata et frappa précisément cette tour.

Le mois de juillet de l'année 1883 fut très orageux dans toute l'Europe centrale. M. Robert Haensel remarquant, dans la soirée du 6 juillet, qu'un violent orage montait au ciel, dirigea son objectif ouvert sur la partie du ciel où les éclairs semblaient être les plus nombreux. Vers dix heures du soir, l'orage était dans son plein et les éclairs sillonnaient les nues. Le photographe autrichien exposa ainsi six plaques et après développement, il fut assez heureux de voir son expérience couronnée de succès. C'est la reproduction de ces négatifs, très intéressants au point de vue des formes revêtues par l'étincelle, que nous donnons dans les figures 84, 85 et 86.

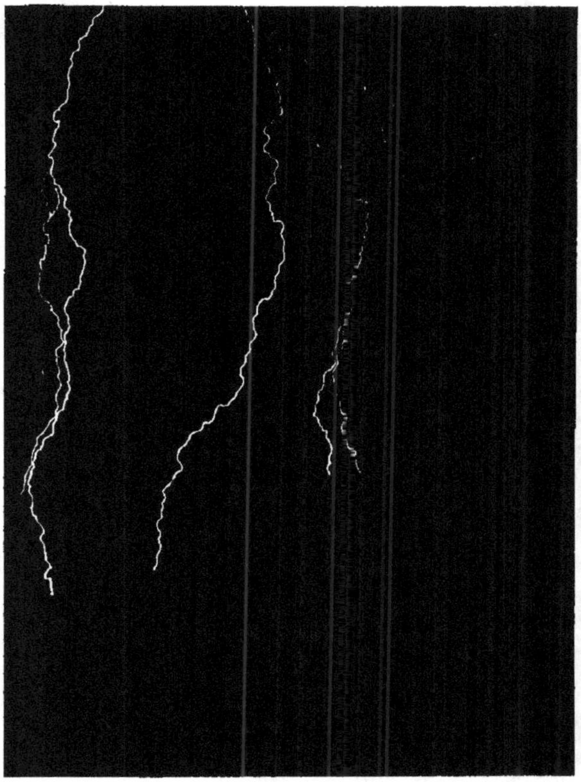

Figure 85.

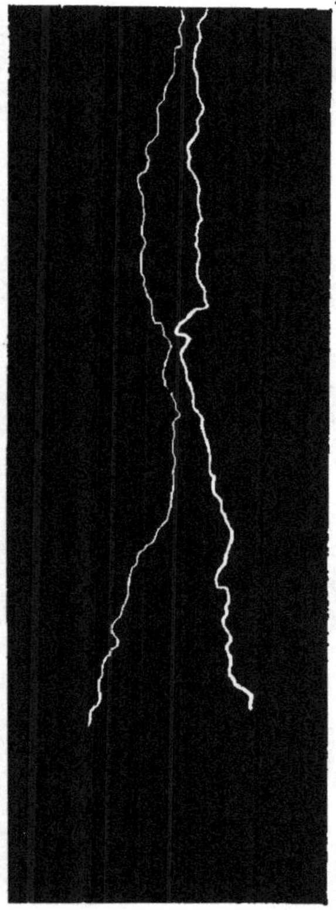

Figure 86.

Instantanées d'éclairs.

La figure 84 retrace un coup de foudre presque vertical dont les zigzags sont arrondis. Sur la gauche de la figure 85, on remarque une double traînée lumineuse qui se partage même en trois branches. Un autre coup de foudre traverse en même temps le ciel et se partage en plusieurs bras qui se perdent dans l'espace. La figure 86 nous montre deux fourches fort belles qui courent à l'origine parallèlement, se rapprochent ensuite sans se confondre, s'écartent finalement avant de se perdre sous l'horizon.

Figure 87. — Instantanée d'éclair.

Une très belle reproduction d'un coup de foudre à branches multiples est la figure 87.

Les premières photographies de la foudre donnaient des éclaircissements étonnants sur la forme de l'éclair; elles intéressaient au plus haut point le monde savant.

Elles démontrèrent que les peintres et les littérateurs de l'antiquité et des temps modernes avaient une idée erronée de la foudre et que, loin de former une ligne brisée à angles droits ou obtus, celle-ci ressemblait à une ligne serpentant sans arêtes pointues. La foudre prend donc une forme qui est identique à celle de l'étincelle électrique produite par la machine de Ruhmkorff. L'électricien céleste dispose de batteries et d'appareils des plus puissants; il n'est donc pas étonnant que ces étincelles prennent des kilomètres de longueur : c'est là la seule différence.

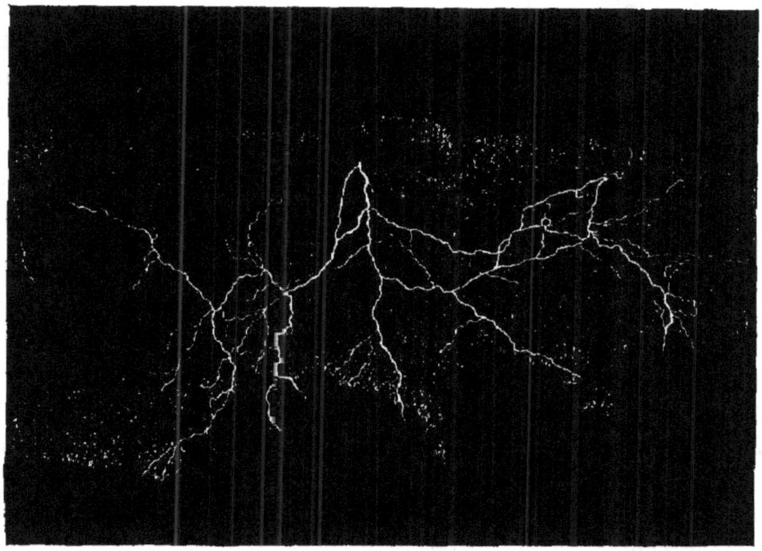

Figure 88. — **Instantanée d'éclair.**

Un des éclairs photographiés par Haensel donne un intéressant exemple de la division du fluide électrique. De la traînée principale partent diverses branches qui se subdivisent elles-mêmes en d'autres encore. Ce fait démontre que l'éclair n'est pas toujours la décharge du fluide d'un point à un autre; mais qu'il part ordinairement d'un point pour aller aboutir à une multitude d'autres points. L'image de la foudre ressemble alors assez bien à une carte géographique sur laquelle le tracé d'un fleuve reçoit le tribut d'autres cours d'eau. Il est à remarquer qu'Arago avait déjà deviné la division en branches de la foudre, cependant il n'admettait que deux ou trois au plus de ces branches. Les plaques photographiques montrent jusqu'aux moindres veines de la branche principale distinguée par l'œil (*fig.* 88). Les négatifs d'éclairs pris plus tard par M. Duquesne, aux environs de Paris, et par le Dr Kayser, à Berlin, confirmaient en tout point les conclusions tirées des épreuves de Haensel. Arago avait signalé le fait suivant, qui s'explique aujourd'hui par ce qui précède : Vingt-quatre églises furent frappées presqu'en même temps, alors qu'on n'avait distingué que trois coups de tonnerre.

Un autre négatif d'éclair pris par M. Duquesne à Billancourt et montré le 21 novembre 1884 à une réunion de la Société française de Physique mérite d'être mentionné. M. Duquesne écrit, au sujet de son expérience, ce qui suit :

« Depuis longtemps déjà, je résolus d'obtenir des négatifs d'éclairs ; à cet effet, j'avais répéré ma chambre afin de pouvoir, sans devoir tâtonner, mettre au point pendant la nuit. Le soir du 13 juillet 1884, l'orage ardemment désiré se préparait : ma chambre fut pointée dans la direction où les éclairs commençaient à se montrer. Leur lueur était assez intense pour dessiner sur le verre dépoli la silhouette des arbres, ce qui facilitait beaucoup l'orientation. Tout était alors préparé et le verre dépoli remplacé par une plaque sensible. Au bout d'une demi-heure, les éclairs commencèrent à se montrer isolément ; ils dessinèrent sur la surface sensible la silhouette des arbres et des nuages. Vers minuit l'orage était dans toute sa force, un éclair plus lumineux que tous les autres se produisit dans le champ de l'objectif que je fermai rapidement. Après développement, l'image obtenue sur la plaque me surprit au plus haut degré : quoique j'eusse parfaitement distingué une seule et unique traînée lumineuse, le négatif, examiné à la loupe, en accusait une double. A côté du sillon principal courait un second plus étroit qui se rapprochait du premier à divers endroits, jusqu'à se confondre entièrement avec lui. »

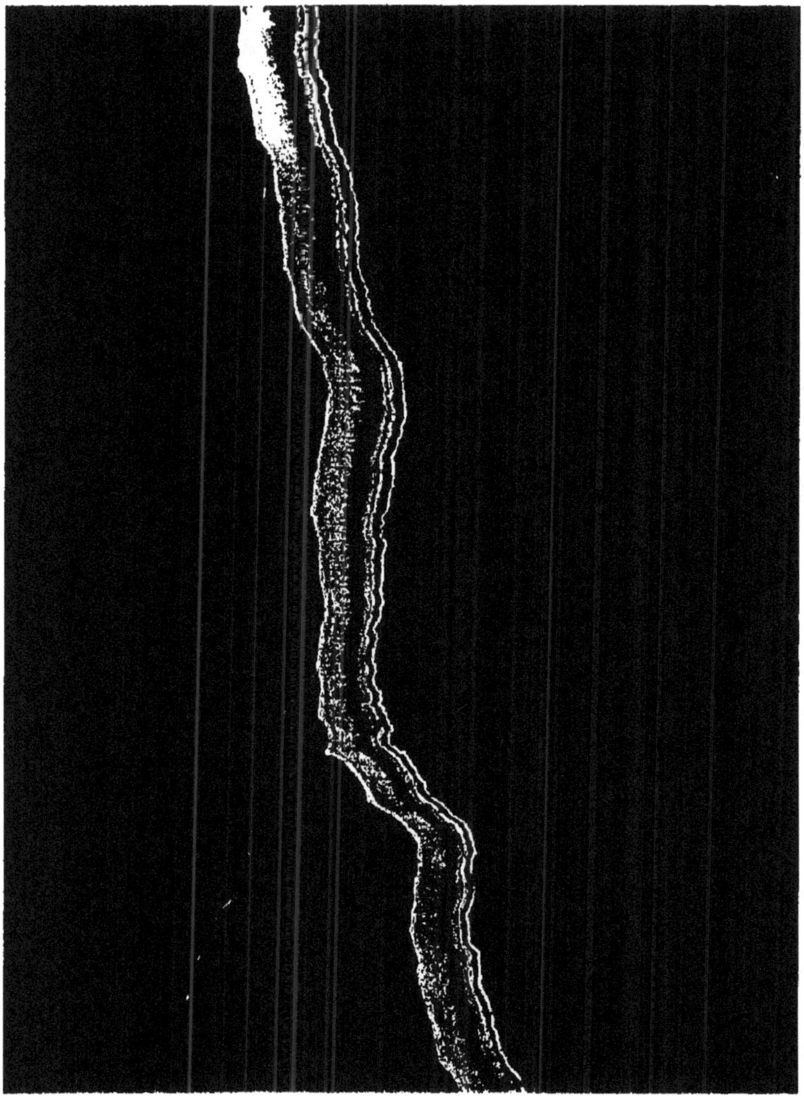

Figure 89. — **Instantanée d'éclair.**

Le Dr Kayser, à Berlin, photographia le 16 juillet de la même année un coup de foudre qui tomba dans le voisinage très proche de l'opérateur. Le docteur avait pris pendant toute la soirée des séries de photographies d'éclairs lorsque vers dix heures du soir survient un terrible éclair suivi d'un formidable coup de tonnerre. Le négatif reproduit dans la figure 89 démontre que le sillon lumineux ne se compose pas d'une seule colonne de fluide, bien au contraire, on y trouve quatre lignes distinctes et très rapprochées. Sur la gauche de la figure se marque le sillon le plus fort, puis plus à droite, une bande plus large et plus lumineuse, accompagnée, plus à droite encore, par deux sillons qui se confondent souvent. Sur la droite extrême, on distingue une quatrième bande. Le Dr Kayser pense qu'on se trouve en présence d'une décharge oscillante dans laquelle il y a deux décharges à courts intervalles en sens inverse, dont l'une de la nuée vers la terre et l'autre de la terre vers la nuée, par le même canal aérien. Les intervalles d'une décharge intermittente semblable, dont parle déjà Dove, ne sont que d'une fraction de seconde. Les calculs de Kayzer se trouvent pleinement confirmés par la forme de l'éclair photographié, ainsi que par les relations de distance entre les diverses portions de l'image fixée. L'examen à la loupe du négatif fit constater que les quatre portions de l'éclair couraient dans une sorte de tube à parois extrêmement lumineux, que du jet principal partaient au moins soixante décharges latérales visibles sur le négatif seulement et que la bande large dont il est question plus haut méritait une étude approfondie. Cette bande est formée de couches horizontales claires séparées par des intervalles obscurs. L'explication de ce phénomène est difficile; l'hypothèse que l'éclair volatilise les gouttes de pluie qu'il rencontre sur son passage et que chaque goutte forme une couche lumineuse de vapeur se trouve en opposition avec ce fait que, le long du sillon, il ne se rencontre aucune de ces couches. Il faudrait également, d'après Kayser et Stolze, une température de 400,000° pour volatiliser les gouttes d'eau rencontrées par l'éclair. La longueur de l'éclair *photographié* peut être évaluée à 300 m. et la largeur de l'auréole, à 28 m. Les bandes claires ont une longueur de $1^{m}7$ et la hauteur des couches est de $0^{m}35$. En admettant la même profondeur, on obtiendrait 2/10 $c^{3}m$. pour leur volume; et si quinze gouttes de pluie forment le poids d'un gramme, nous trouvons la température fixée plus haut. Il serait à souhaiter, dans l'intérêt de la science, que les instantanées d'éclairs se multiplient de plus en plus.

II. — L'IMAGE DE L'ÉTINCELLE ÉLECTRIQUE

Les instantanées d'éclairs avaient, dès l'origine et à juste titre, éveillé l'attention du monde savant. Comme en définitive, l'éclair n'est qu'une étincelle électrique à proportions considérables, les physiciens s'occupèrent immédiatement de photographier l'étincelle fournie par les sources d'électricité connues. Déjà Rood, Pinaud, Schnauss et d'autres encore, avaient reconnu que l'étincelle se dessine sous la forme d'un anneau ou d'une étoile, lorsqu'elle frappe directement la plaque sensible. Le physicien Feddersen calcula, au moyen de l'appareil photographique, la vitesse de l'étincelle. Dans le dispositif qu'il adopta, l'étincelle éclatait, entre deux boules enfermées dans une boîte hermétiquement close; une mince fente projetait à l'extérieur le rayon lumineux, qui tombait sur un miroir animé d'un mouvement de rotation régulier : il s'y brisait en s'amplifiant et se trouvait projeté par réflexion sur une surface sensible, où il se dessinait en forme de ruban. Feddersen, en tenant compte de la rotation du miroir, évalue cette vitesse à 2 à 3/1,000,000^e^ de seconde. Van Melkebecke, Plücker, Welten, Dr Stein et Ducrétet négligèrent, dans leurs essais, de projeter l'image de l'étincelle sur un miroir tournant : ils avaient surtout en vue de photographier la forme même des étincelles ; ils firent donc éclater celles-ci devant l'appareil portant la plaque sensible.

Ces essais se font généralement dans des chambres obscures. On commence par mettre au point les deux bouts de fil entre lesquels l'étincelle doit éclater : on obtient ainsi la netteté de l'image. Après avoir placé la glace sensible dans l'appareil et découvert l'objectif, on fait éclater une ou plusieurs étincelles.

Le Dr Stein en fit éclater jusque six en une seconde. Dans une de ses expériences, où il employait une machine d'induction puissante, il put en porter le nombre à soixante en une seconde et la plaque photographique donna l'image représentée dans la figure 90 : L'épaisseur de l'étincelle y est représentée par la largeur des lignes blanches et ne donne que 1/5 de m/m. Pendant une période très courte, correspondant à une distance d'à peu près 1/2 cm. des conducteurs, les étincelles parcourent un même chemin, une ligne droite. Puis elles rencontrent une résistance variable de la part de l'air qu'elles ont comprimé. Les particules d'air finissent par céder de tous les côtés et les étincelles poursuivent leur chemin, mais au détriment de leur forme première. Elles présentent

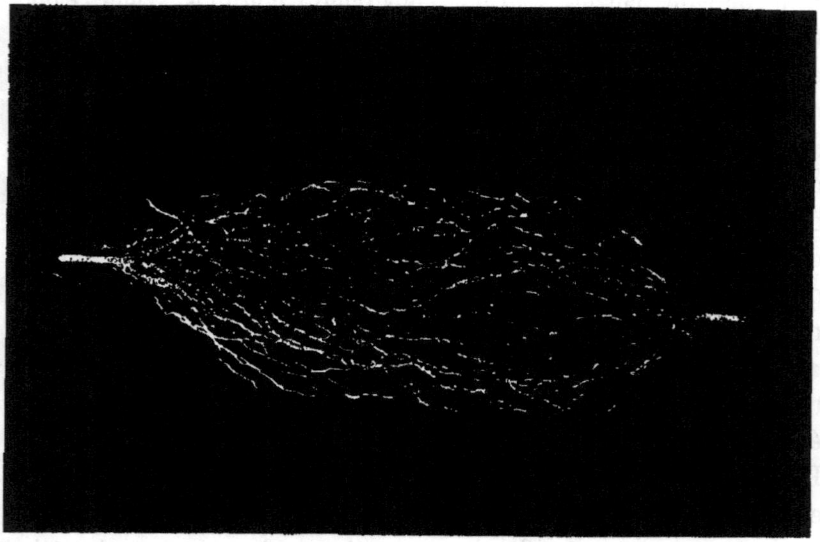

Figure 90. — **Instantanée d'éclair.**

cette particularité avec l'éclair. Pour ce motif, nous trouverons également que toutes les images n'ont pas la même netteté sur le négatif. Un autre phénomène nous est montré par la figure 91 : L'image de l'étincelle est plus intense sur la droite, qui correspond au *pôle négatif*, que sur la gauche, qui représente le pôle positif. L'étincelle se meut donc dans la machine d'induction (électricité statique) du négatif vers le positif.

MM. Van Melkebecke et Plücker ont photographié les étincelles fournies par une machine de Holtz.

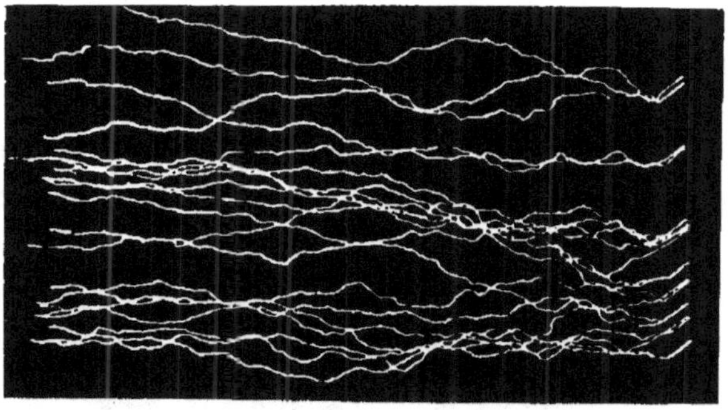

Figure 91. — Instantanée de décharge électrique.

M. Welten (1) fit de semblables études sur une machine de Töpler ; en glissant le châssis, il prit deux images sur un même négatif. Les résultats obtenus par cet expérimentateur corroborent parfaitement ceux obtenus par Van Melkebecke et Plücker. On voit,

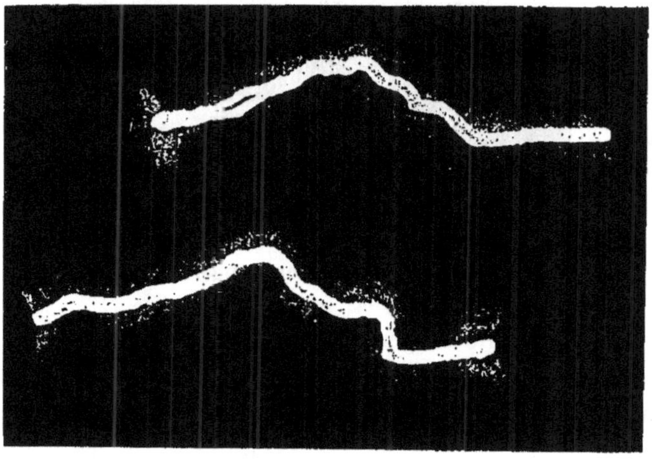

Figure 92. — Instantanée de décharge électrique.

dans l'image supérieure de la figure 92, que l'étincelle s'est partagée en deux branches qui finissent par se réunir de nouveau.

(1) *La Nature*, 1884, p. 180.

M. Ducrétet, physicien français, a construit, pour photographier l'étincelle électrique, un appareil très simple et fort pratique, dans lequel il supprime même toute combinaison de lentilles. Le dispositif (*fig.* 93) se compose d'une boîte *A B C D* en ébonite, montée sur un pivot *isolé*. Dans la partie supérieure *A B* et dans les parois *A D* et *B C*, se trouvent trois tubes en ébonite qui portent, à frottement doux, trois tiges en laiton, terminées par les boules *L H N*. Le pied de la boîte contient une crémaillère

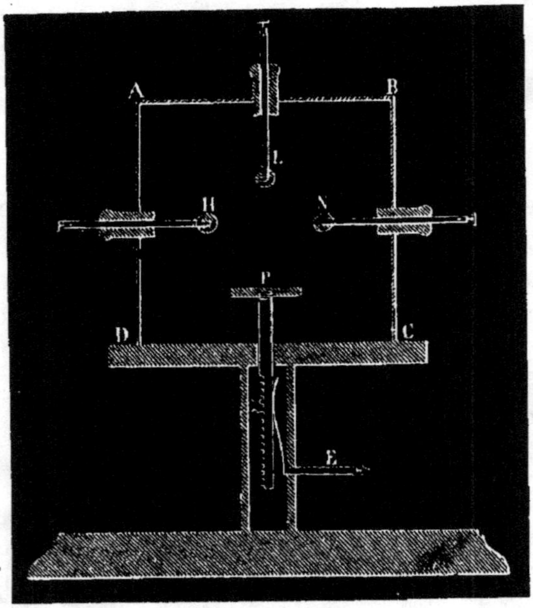

Figure 93. — Appareil de Ducrétet.

au moyen de laquelle on peut, à volonté, monter ou descendre la petite table *P*. Les boules *L H N* et la table *P* sont montées de telle façon qu'on peut y substituer des pointes, des corps isolants. La borne *E* permet de mettre la table *P* en communication avec la source électrique.

Si l'on introduit une plaque sensible dans la boîte *A B C D*, elle recevra l'impression lumineuse de toute étincelle électrique partant de *H* vers *N* ou de *L* vers *P*. Cette étincelle peut être fournie indifféremment par une machine de Holtz ou par une bobine de

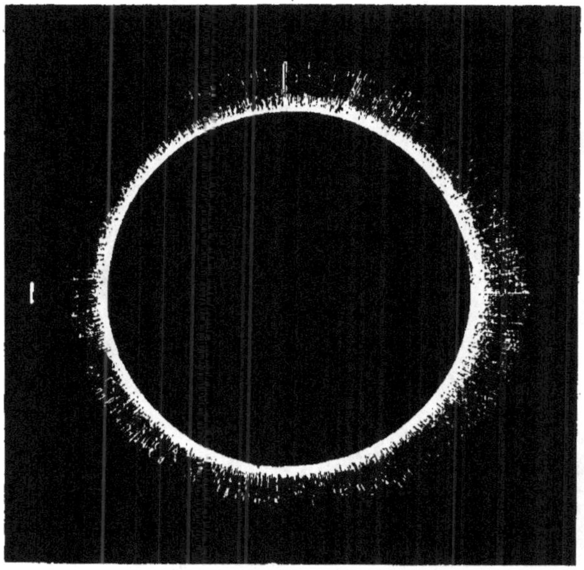

Figure 95.

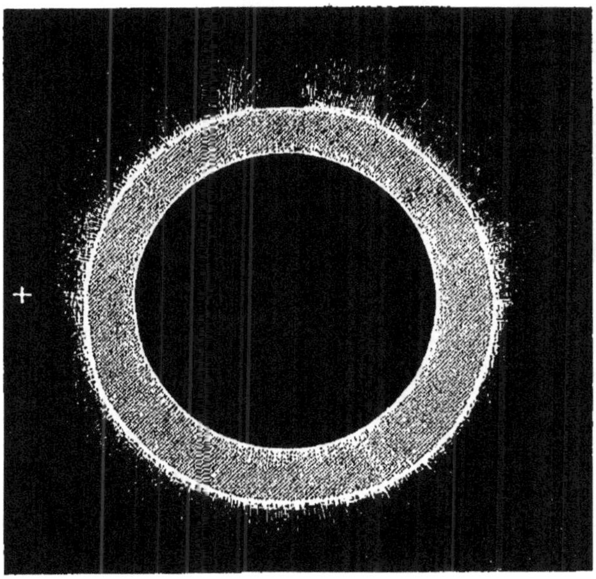

Figure 94.

Instantanées de décharge électrique.

Ruhmkorff. Les cinq figures qui vont suivre se chargent de nous montrer les résultats obtenus avec ce dispositif.

Les figures 94 et 95 ont été reproduites d'après les négatifs fournis par l'expérience suivante : Sur le plateau métallique *P*, correspondant au pôle — d'une bobine de Ruhmkorff, on avait placé une plaque sensible, le côté émulsionné en-dessous ; sur cette

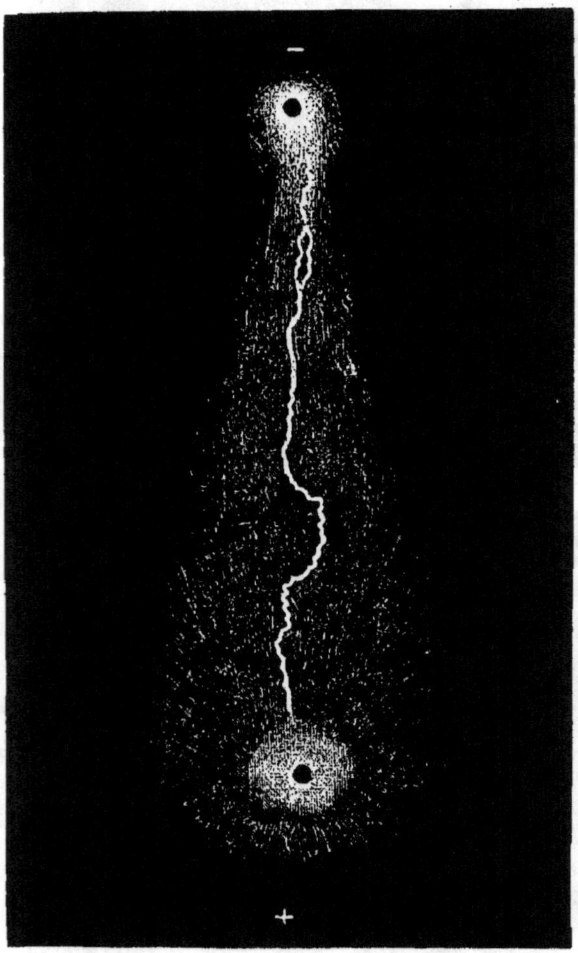

Figure 96. — **Instantanée de décharge électrique.**

plaque se trouvait un disque mince en ébonite. Un second disque, superposé au premier, en était séparé par de petites *bandelettes, pour laisser entre eux un matelas d'air*. Une seconde plaque sensible reposait sur ce dernier disque, le côté émulsionné au-dessus. Sur cette surface s'appuyait par le plat, un disque métallique, semblable au plateau P et en communication avec le pôle + de la bobine de Ruhmkorff. Le passage de l'étincelle fournit sur les

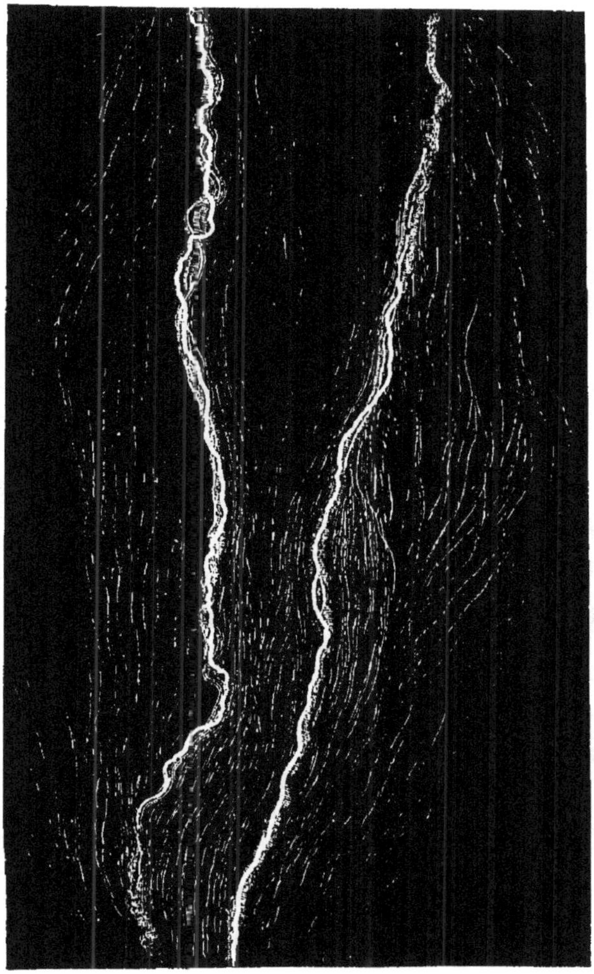

Figure 97. — Image de l'étincelle électrique.

plaques photographiques les images (*fig*. 94, 95). On remarque que le négatif accuse au pôle + une couronne lumineuse beaucoup plus large qu'au pôle —. Un effet tout semblable se reproduit dans la figure 96. L'étincelle d'une machine de Holtz passait de H vers N

et la plaque sensible, fixée sur le plateau isolé *P*, la photographiait en grandeur naturelle.

Dans la figure 97, nous voyons une étincelle de 15 cm. de longueur, fournie par une bobine de Ruhmkorff. Elle ressemble assez bien à une corde détournée.

Le négatif intéressant qui a fourni la figure 98 a été obtenu de la façon suivante : Sur le plateau métallique *P* (*fig.* 93), mis en

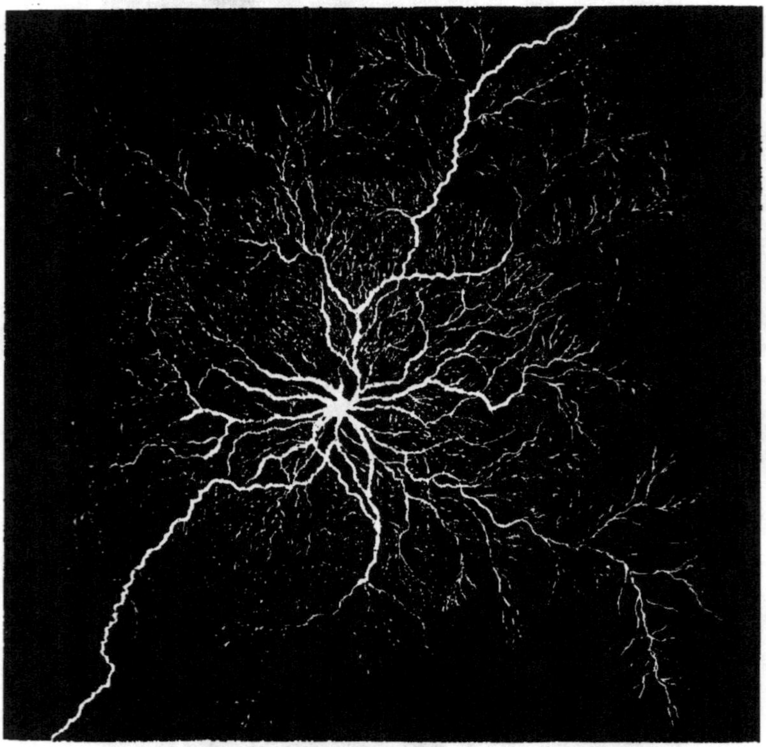

Figure 98. — Photographie d'une décharge électrique.

communication avec l'un des pôles de la source électrique, on avait placé un léger disque d'ébonite, sur lequel reposait une plaque sensible de même grandeur, la couche sensible au-dessus.

La boule *L*, en communication avec l'autre pôle, touchait l'émulsion. L'étincelle produite, on put constater que, malgré les deux milieux isolants, il existait sur la plaque un cercle lumineux, comme dans les figures 94 et 95, et une multitude de veines qui, partant du centre, rayonnaient dans tous les sens vers la périphérie. A côté des deux veines principales, on peut en distinguer encore deux autres, plus larges mais moins lumineuses.

La simplicité de l'appareil décrit plus haut et la facilité de la manipulation des plaques à la gélatine doivent engager d'autres expérimentateurs à tenter de nouveaux essais. L'observation de ces négatifs sera très instructive.

CHAPITRE XIX

Introduction d'animaux dans le paysage.

Dans un de ses nombreux essais sur la photographie, M. Robinson rapporte sur le peintre animalier anglais bien connu, W. Landseer, une anecdote dont voici la morale : La peinture embrasse un champ assez vaste pour que les peintres puissent acquérir de la gloire, chacun dans une spécialité. Il n'est ni nécessaire, ni rationnel, qu'un peintre d'animaux fasse du portrait, pas plus qu'un bottier n'essaiera de faire de la dentelle, sous prétexte que les deux produits appartiennent à l'industrie du vêtement. N'en est-il pas de même de la photographie? Ne verrons-nous donc jamais chaque branche de la photographie avoir son représentant propre! Le portraitiste se donnera-t-il donc toujours aussi comme paysagiste? Si un photographe ne se sent pas attiré vers une branche spéciale de notre art, qu'il nous soit permis de le pousser à se faire *animalier*.

On peut obtenir des photographies vraiment artistiques en faisant des études d'animaux : il faut pour cela de la patience, de l'habileté et des occasions favorables. Tout le secret de la réussite est là. Quinze jours à la campagne, dans une ferme, fournissent des sujets par centaines.

L'heure à laquelle on trait les vaches, le moment de donner la nourriture aux animaux, etc., etc., fournissent à l'artiste plus d'un sujet digne d'étude.

Le photographe ne doit cependant pas oublier que pour obtenir l'effet pictural, la difficulté ne consiste pas uniquement à saisir le moment favorable pour photographier un sujet, mais bien à surprendre celui-ci dans une pose naturelle et gracieuse, sous un éclairage habile, harmonieux et favorable.

Beaucoup de personnes croient qu'elles ont tout obtenu lorsqu'elles sont parvenues à rendre immobile un animal; il faut pourtant faire entrer en ligne de compte, la composition, la lumière et l'ombre, rechercher des contrastes et des harmonies, en un mot tout cet ensemble qui forme un tableau. Un troupeau de moutons en prairie, photographié avec un éclairage de face, donnera-t-il autre chose qu'une image molle et plate? La lumière venant du côté opposé et caressant le dos des animaux fournira certes un tout autre effet. Les troupeaux de moutons sont faciles à manier et leur introduction dans un paysage est très favorable à l'ensemble. On peut aisément modifier la pose du troupeau. Si les bêtes se présentent toutes sur une seule ligne, il suffit de faire quelques pas vers elles pour rompre la monotonie de leur arrangement; les premières lignes bousculent celles qui se trouvent derrière. Il est également très facile d'empêcher toute la bande de fuir. Un coup de sifflet ou l'imitation de l'aboiement du chien fait naître dans le troupeau une certaine émotion qui se traduit par des mouvements en diverses directions.

Les animaux domestiques, tels que les chevaux, les vaches, les moutons, sont de charmants accessoires dans un paysage; le photographe devra prendre soin de ménager les contrastes, de poser par exemple un animal à robe sombre sur un fond clair, un cheval noir derrière un cheval blanc, etc., etc. Celui qui ne se laisse pas rebuter par des arrangements qui prennent quelquefois beaucoup de temps, et qui possède une bonne dose de patience, peut prétendre au succès, comme le prouve la figure 99.

Beaucoup de photographes se sont occupés, dans les derniers temps, d'études d'animaux; leurs œuvres, malheureusement trop peu répandues, sont cependant de bons modèles de composition, d'éclairage et d'exécution pratique. Nous citerons celles de M. A. Borderia, de Reims, et de M. Wall, amateur anglais.

M. Uhlenhuth de Cobourg a une spécialité pour les études de cerfs, de biches, de faisans et de sangliers. Placé dans des conditions exceptionnelles (il est voisin d'un des plus beaux parcs de l'Europe, celui du duc de Cobourg) et possédant une patience et

Figure 59. – Étude d'animaux et de paysage.

une persévérance à toute épreuve, le succès n'a pas manqué de couronner un travail de plusieurs années.

Parmi les oiseaux il faut remarquer le cygne, qui, par les lignes harmonieuses du corps, la prestance et la majesté de ses mouvements sur l'eau, doit tenter le photographe. Les étangs offrent

Figure 100. — Étude de cygnes.

déjà, avec leur riche végétation aquatique, des ressources immenses; si l'on y joint la présence de cygnes se prélassant sur l'eau, l'amateur sera assuré d'une riche moisson de clichés charmants.

Le développement des plaques doit se faire avec beaucoup de

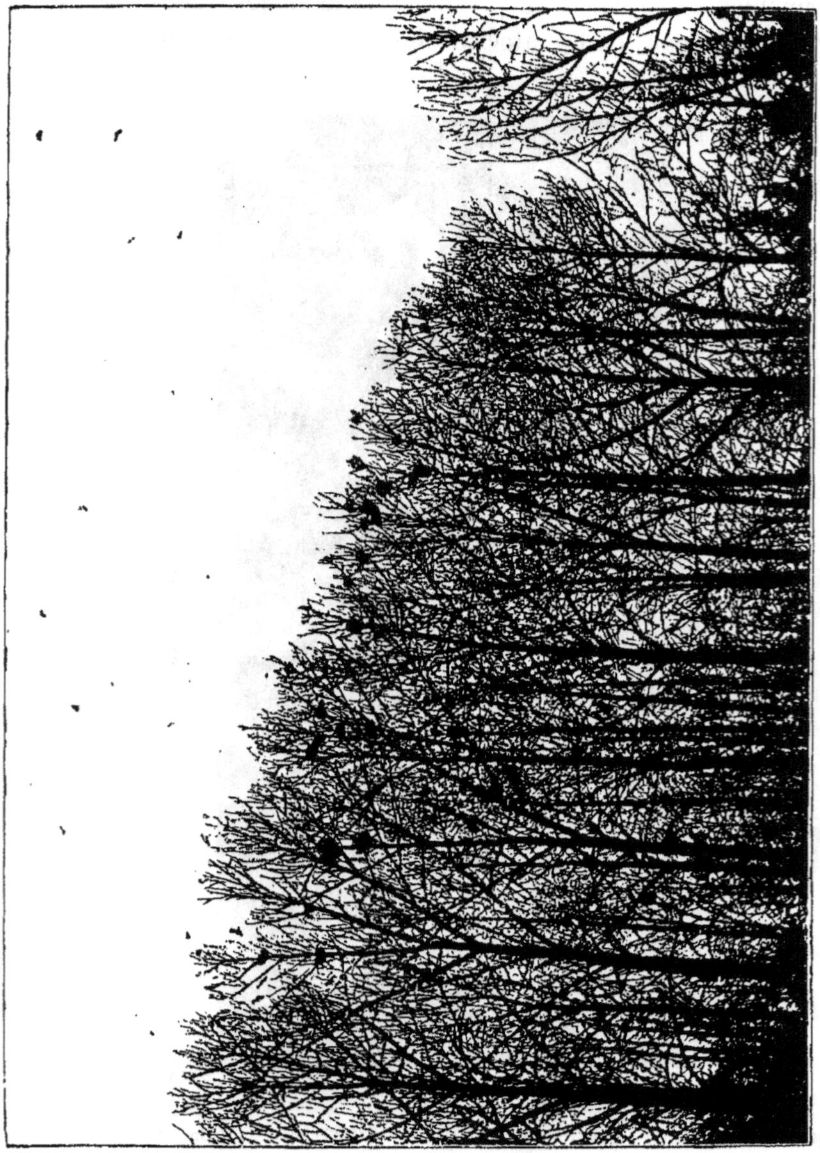

Figure 101. — Colonie de corbeaux.

prudence et avec un révélateur dilué (p. 46), sinon le plumage blanc viendra en masse crayeuse et sans détails. MM. Marsh

Bros, de Henley, ont exposé à diverses reprises de ravissantes études de cygnes, dont nous en reproduisons une dans la figure 100.

Figure 102. — **Instantanées de mouettes.**

Le vicomte de la Tour du Pin Verclause a donné dans le

journal *La Nature*(1) une très intéressante description de la vie et des mœurs des corbeaux ; avec beaucoup de patience et de savoir, il étudia, jour par jour, les mouvements d'une colonie de cinq à six cents individus, qui avaient élu domicile sur les hautes cimes des peupliers du parc de Nanteau sur Lemain. Là, les nids s'étageaient dans les branches et la colonie, aussi noire que bruyante, offrait au photographe un sujet attrayant mais difficile à saisir.

La figure 101 est la reproduction d'un négatif obtenu par le vicomte de la Tour du Pin Verclause et qui a paru dans *La Nature.*

Nous devons à M. C. T. Mallin de Southport une autre instantanée d'oiseaux au vol (*fig.* 102). Ce sont des mouettes qui viennent se réunir tous les jours au bout de la jetée de Southport, pour y chercher leur nourriture. Ce sujet est très curieux et il a tenté bien des photographes, tant *amateurs* que *professionnels.*

Dans presque tous les tableaux où figurent des oiseaux au vol, ils sont représentés par un *V* plus ou moins développé. Dans l'épreuve de M. Mallin, aucune mouette ne prend cette forme. C'est le propre de la photographie instantanée, comme nous le disions plus haut, de prouver combien sont incorrectes et fausses les représentations conventionnelles adoptées par la plupart des artistes, lorsqu'il s'agit de donner une idée de certains effets.

(1) Année 1885, page 95.

CHAPITRE XX

Instantanées d'animaux

Il y a, parmi les photographes, des praticiens qui s'adonnent spécialement au portrait, avec éclairage Rembrandt, d'autres cultivent les portraits d'enfants, d'autres encore préfèrent les études d'animaux.

Figure 103. — **Étude de chats, d'après Pointer.**

M. Robinson relate, dans un de ses ouvrages, que le célèbre peintre anglais Joshua Reynald avait coutume de se familiariser avec ses modèles avant d'entreprendre une étude. Il s'initiait à leur vie aussi complètement que possible, dînait avec eux, passait toute une soirée à leur côté et ne cessait de les étudier, sans en avoir l'air.

Le photographe gagnerait beaucoup en imitant cette habitude et se trouverait fort bien de ne pas voir défiler devant son objectif des inconnus.

Pour photographier les animaux, il faut énormément de patience et de soins. S'il est difficile, par exemple, de s'appro-

Figure 104. — **Étude de chats.**

cher d'un chat avec un appareil pour le photographier, il est encore plus difficile et même impossible de transporter l'animal dans un atelier et de l'y disposer pour la même opération. Le chat veut un portrait de famille, c'est-à-dire qu'il ne se laisse prendre que par un ami et au milieu des objets qui lui sont familiers.

Pour réussir les études d'animaux, le photographe devra étudier ceux-ci d'aussi près, si pas même plus, que le portraitiste étudie ses modèles. Il ne peut s'attendre à être bien accueilli dès la première minute par le boule-terrier, ni de trouver le chat disposé à lui faire entendre un ron-ron caressant dès qu'il l'approche.

Les dames américaines avaient créé, en 1884, la mode de faire photographier leur chat. C'était un travail qui rapportait aux praticiens un fort gros salaire, bien mérité d'ailleurs. Le chat n'était-il pas, en effet, au moins aussi capricieux que sa jolie maîtresse? Ne fallait-il pas une bien grande attention pour ne pas con-

Figure 105. — **Étude de chats.**

fondre les divers négatifs de tous ces minois qui, après tout, se ressemblent autant entre eux que les fils du Céleste empire? Le photographe courait de plus le risque de se faire égratigner par de jolis ongles tout roses si, par erreur, il avait osé remettre à sa cliente le portrait d'un poussy quelconque, au lieu de celui du favori. En Angleterre, également, *Poussy* a eu l'honneur de se voir faire la cour par les photographes les plus habiles. Entre autres, par M. Pointer, de Brighton, qui a fait une spécialité de ces études. Les figures 103, 104, 105, 106 et 107 nous donnent la reproduction (malheureusement peu réussie) de toute une série humoristique de portraits de chats.

Mes Favoris, l'*Élève attentif*, la *Bonne d'enfant, En admiration* sont les résultats d'un travail patient. La figure 107 donne à une échelle plus grande *Mes Favoris*, de M. Pointer.

Le chien a un caractère tout différent de celui du chat : peu lui importe l'endroit où il se trouve, l'aspect d'une figure étrangère (pourvu qu'elle lui soit sympathique) ne le préoccupe pas énormément. Il est donc facile de le photographier, sans même qu'il s'en

Figure 106. — **Étude de chats.**

aperçoive. Les grandes espèces s'y prêtent même avec beaucoup de complaisance et d'abandon. Les petits chiens sont moins dociles, ils n'aiment pas de rester longtemps en place. Pour assurer leur immobilité relative, il serait difficile de tracer une règle de conduite à suivre. En général, un bruit violent fait pour éveiller leur physionomie produit l'effet opposé à celui qu'on désire; on obtient beaucoup plus par de légers grattements sur une feuille de papier, sur la table ou de légers bruissements faits avec la bouche.

Figure 107. — **Étude de chats.**

Tout le monde sait quel effet l'audition du mot — *Rat* — produit sur le terrier ; mais c'est un moyen dont il ne faut se servir qu'en

toute extrémité, car le terrier ne reste plus longtemps en place lorsque ce mot magique a été prononcé, même du bout des lèvres.

Le chien qui jappe est un tourment pour le photographe; en lui donnant à boire immédiatement avant la pose, on peut encore parvenir à le photographier. Lorsque le chien est très docile, il

Figure 109. — **Lion de la Haute-Nubie. Instantanée.**

donne un bon sujet à intercaler dans le paysage. Le photographe de profession se voit très souvent obligé de faire poser des chevaux. Heureusement que le cheval est un bon modèle; la position des oreilles et de la tête donne déjà à elle seule tout le caractère de l'animal. Il ne s'agit donc plus que de faire poser le cheval sur les quatre pieds et d'obtenir ceux-ci sur le négatif. Un

Figure 110. — **Tigre du Bengale. Instantanée.**

coup de sifflet ou le bruissement d'une feuille de papier suffisent ordinairement pour rendre le cheval immobile et lui faire dresser

Figure 111. — **Tigre du Bengale. Instantanée.**

les oreilles. Beaucoup de chevaux ont l'habitude de mâcher le mors, ce que l'on évite en le lâchant quelque peu. La seule diffi-

Figure 112. - Éléphant femelle.

culté réelle consiste dans le balancement de la queue, lorsque les mouches tourmentent la bête. Il vaut mieux photographier le cheval par un temps légèrement couvert : les mouches sont alors moins abondantes et la robe ressort mieux.

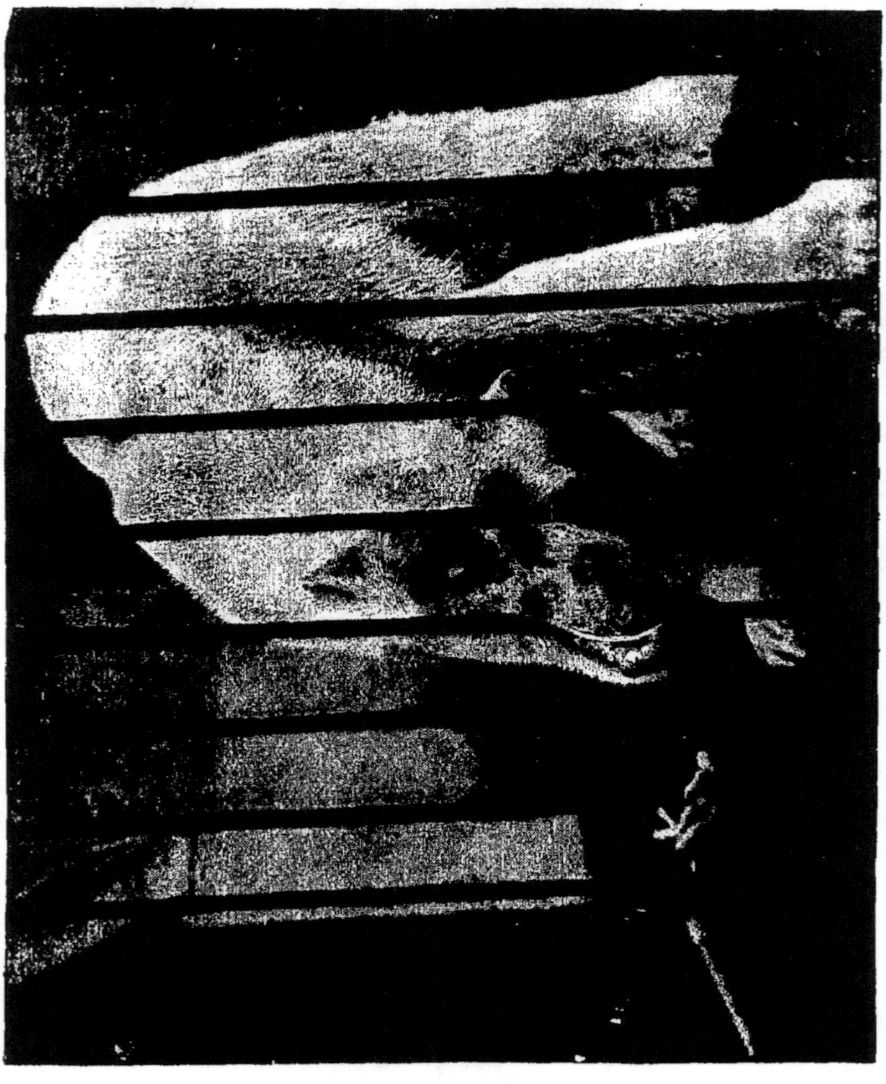

Figure 113. — Ours blanc.

La photographie instantanée sert non seulement à reproduire

les traits de nos animaux domestiques, mais elle constitue un auxi-

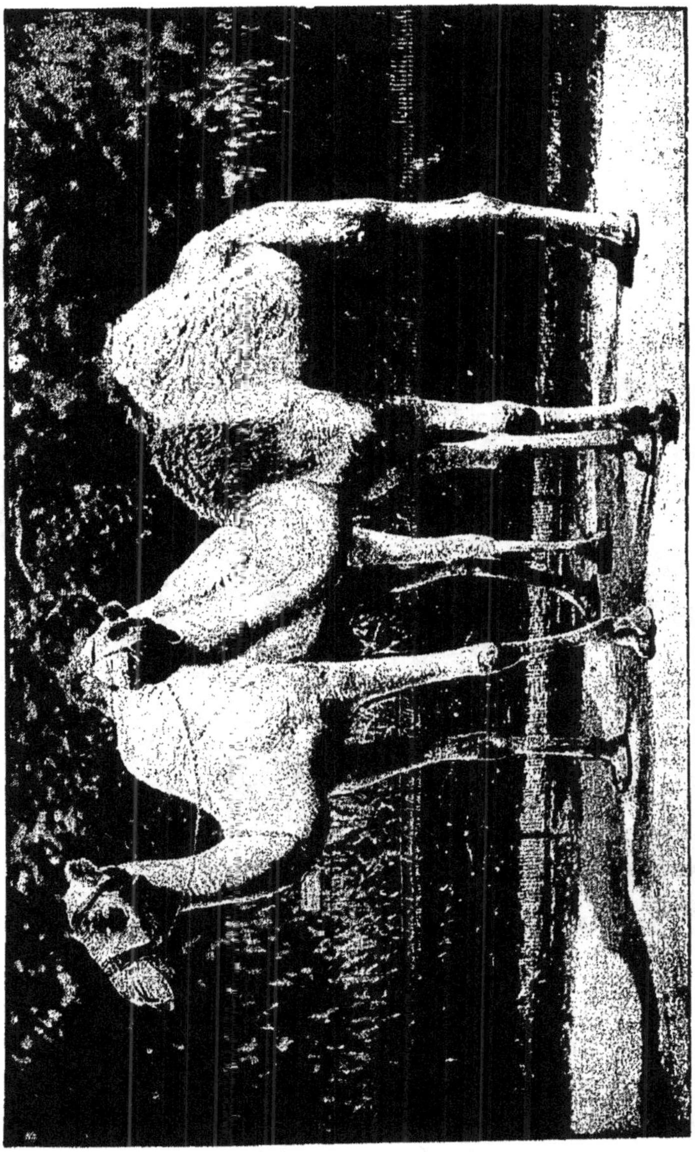

Figure 114. – Chameaux.

liaire très utile au *zoologue*. Etudier les fauves dans nos jardins zoologiques ou nos ménageries, surprendre et retracer leurs mouvements, saisir et enregistrer leurs habitudes, voilà certes une des applications les plus instructives et les plus attrayantes de la photographie. Nous donnerons dans les pages qui suivent la reproduction des clichés obtenus par un photographe anglais, M. Hinxmann, pendant un voyage fait dans le jardin zoologique de Londres (1). Voici (*fig.* 108, 109) le lion de la Haute-Nubie.

Figure 115. — **Girafes.**

Nous croyons qu'on a rarement obtenu une photographie plus importante du roi du désert. Le tigre (*fig.* 110, 111) est un modèle peu commode. On ne voit pas les barreaux de la cage; il n'est pas à supposer, cependant, que le photographe se soit introduit dans la cage pour prononcer devant son modèle le tradi-

(1) Les clichés ont été tirés du *Graphic.*

Figure 116. – Zèbre.

tionnel : « Ne bougeons plus ». Il est fort probable que le tigre, par esprit de contradiction, se serait empressé, tout au contraire, de prouver à l'audacieux photographe que les procédés photographiques n'ont rien de compatible avec son humeur à lui et l'aurait initié à ses procédés instantanés — de destruction.

L'éléphant femelle (*fig.* 112) a été rapporté par le prince de Galles lors de son voyage aux Indes.

L'ours blanc (*fig.* 113), par son attitude, nous donne une idée de ses dispositions à l'égard de M. Hinxmann et fait bien pressentir

Figure 117. — Cerf de Lichdorf.

le parti qu'il lui aurait fait si le traitreux appareil ne lui avait pas permis de le croquer lui-même, à distance.

La figure 114 nous montre deux chameaux dont l'allure plus pacifique contraste avec celle du sujet précédent.

Dans la figure 115, l'une des girafes regarde le sol d'un air singulier comme si c'était la première fois qu'elle l'apercevait ; l'autre girafe semble s'étonner de ce que sa compagne porte son attention aussi bas.

Le zèbre (*fig.* 116) est apprivoisé ; il connait son gardien et, malgré cela, celui-ci ne touche pas l'animal. Que l'on remarque les oreilles relevées, l'expression de la queue, la position des jambes de devant. Tout cela exprime la méfiance. Le zèbre, paraît-il, est plus timide, plus peureux, plus méfiant que méchant ; c'est pourquoi on n'a jamais réussi complètement à le dresser à la manière des chevaux. Et cependant, il pourrait rendre des services, semble-t-il.

Pour finir cette énumération, nous avons le cerf de Liehdorf

Figure 118. — **Miss Cora dans la cage aux lions.**

(*fig*. 117). C'est un animal d'origine asiatique et, quoique plus petit, il est identique avec le Wapiti du Canada.

M. Hinxmann n'est pas le seul photographe qui se soit occupé des fauves. M. Boissonas, de Genève, en a publié, il y a quelque temps, de très remarquables séries. Cet habile photographe s'est introduit dans les cages pour opérer : il est vrai que les lions et les tigres étaient bien gardés, par une intrépide dompteuse *Miss Cora*, comme le montrent les figures 118 et 119.

Ce travail, néanmoins, présente de grands dangers pour le photographe, qui y laisse quelquefois des lambeaux de sa peau, comme cela arriva à M. Auguste Petit, à Paris. Lorsque le praticien opère dans un jardin zoologique ou dans une cage, il fera bien de mettre au point un plan donné. Un morceau de journal mis

Figure 119. — **Miss Cora dans la cage aux lions.**

debout par terre convient parfaitement à cet effet. Au moment où le gardien amène le sujet ou bien à l'instant où celui-ci se présente dans le plan choisi on découvre l'objectif. Une autre étude d'animaux (1), que nous reproduisons dans la figure 120, est non seule-

(1) *Scientific American*, Supplément 1882, n° 362, p. 5813.

ment intéressante au point de vue de l'histoire naturelle, mais elle témoigne hautement du courage de celui qui en a pris le négatif.

Figure 120. – **Instantanée de crocodiles.**

Un amateur anglais, parcourant les environs de Bombay avec son appareil, rencontra près de Muygapier un immense marais dont les alentours étaient ornés d'une riche végétation tropicale. Son désir de reproduire ce magnifique décor lui fit déployer le trépied et la chambre; au moment de se couvrir la tête du voile, pour la mise au point, il voit surgir, sur le verre dépoli, un immense crocodile qui sortait des flots, suivi bientôt d'un second et d'autres encore. Toute une bande se dirigeait vers lui, avec le désir apparent de déjeuner à ses dépens. Notre homme acheva tranquillement l'opération photographique, puis se sauva à toutes jambes dans une direction opposée.

CHAPITRE XXI

Instantanées d'animaux en mouvement [1]

I. — DU CONCOURS DE LA PHOTOGRAPHIE DANS L'ÉTUDE DES MOUVEMENTS DES ANIMAUX

L'étude des mouvements chez les animaux appartient à l'histoire naturelle. On n'est pas encore parvenu jusqu'ici à décrire d'une façon complète et simple le mouvement chez l'animal. Les premières recherches sur le mouvement furent faites par Borelli, il y a deux cents ans. Depuis, de nombreux physiologistes reprirent cette étude, mais sans parvenir à enregistrer des résultats positifs. Ils constatèrent que la théorie de Borelli avait des points extrêmement faibles, ils sentirent la nécessité d'en établir une nouvelle ; mais toutes leurs recherches ne permirent pas d'en établir une qui fût d'accord, d'un côté, avec l'observation et, de l'autre, avec les lois générales de la physique et de la mécanique. Les causes de ces insuccès constants sont de diverses natures : les uns proviennent de causes physiologiques, les autres de causes psychologiques.

Les premières ont leur origine dans le fait que notre œil ne saisit pas les phénomènes qui accompagnent le mouvement. Si nous observons un animal qui se meut, nous ne voyons pas même nettement les contours de certains de ses muscles. Nous ne sommes pas davantage en mesure (et ceci est très important) d'examiner en même temps les mouvements multiples, et notre œil montre surtout sa faiblesse lorsque ces mouvements se succèdent rapidement. Dans la vie ordinaire, on ne se rend pas bien compte de l'imperfection de nos moyens naturels d'observation : tout au plus la constate-t-on lorsqu'on se trouve en présence de mouve-

(1) Extrait de l'ouvrage du docteur Müllenhoff, *La Photographie au service des Recherches scientifiques.*

ments à amplitude si petite qu'ils ne se transmettent plus nettement à notre œil, ou lorsque leur nombre est considérable, ou encore lorsque ces mouvements se succèdent en grand nombre et avec rapidité.

Il est certain qu'il nous est impossible d'observer en détail la marche d'une mouche. A cause de la petitesse des pattes, de la courte durée des divers mouvements considérés séparément et se succédant rapidement, il nous est impossible de saisir chaque phase de sa course. L'œil ne saisit pas même le mouvement d'un seul organe. Le corps de l'insecte se compose d'une multitude de parties : la patte seule a cinq articulations et se compose de neuf anneaux, dont chacun a un mouvement indépendant. Le bout de chaque articulation est terminé par une griffe et par un tampon, qui jouissent également d'un mouvement qui leur est propre. A chaque pas de l'animal, les diverses phalanges se meuvent et prennent, les unes par rapport aux autres, les positions les plus opposées.

Par ce qui précède, le lecteur ne sera pas étonné d'apprendre que nous avons des données fort incomplètes sur la mécanique de la marche d'un insecte. Chez l'oiseau, c'est la rapidité de l'abaissement et du relèvement de l'aile qui rend l'analyse du vol difficile. Lorsque nous observons un moineau qui s'élève de la terre, nous voyons bien que par un mouvement il se porte vers un point opposé à celui qu'il occupait auparavant, mais il nous est impossible de saisir ni la forme des ailes, ni le nombre de coups d'ailes donnés pendant cette translation. On reconnaît, dans d'autres cas, que ce n'est pas seulement la ténuité des parties mobiles, la vitesse ou la multitude vague des mouvements de ces particules qui en rend l'observation difficile à l'œil nu ; mais que chez les animaux, même d'une espèce plus grande, cette observation ne présente pas beaucoup de précision. Lorsqu'un cheval, chez qui les articulations sont en petit nombre, traîne une voiture avec une vitesse modérée, notre œil suit très imparfaitement l'ensemble du mouvement (1). Nous voyons les articulations se porter

(1) Il est, par exemple, très difficile de saisir et de décomposer les mouvements relatifs des quatre pieds d'un cheval aux trois allures : pas, trot, galop.

à des positions extrêmes, mais nous ne saisissons nullement, par l'œil, le rhythme de la marche, qui se grave plutôt dans l'oreille. C'est ainsi que lorsque le cheval passe d'une rue pavée sur une voie en bois ou macadamisée, il nous semble que le rhythme de la marche se trouve complètement changé. Au lieu du changement régulier, à intervalles déterminés, des coups de sabot, il nous semble alors entendre subitement un brouhaha indéfini de mouvements, impossible à contrôler et à décomposer.

Ce que nous venons de dire des mouvements du cheval se vérifie pour la marche de l'homme. L'étude de la marche rencontre de nombreux points obscurs et les divers observateurs qui s'en sont occupés ne concluent pas tous dans le même sens. Certes on peut modifier la vitesse de la marche dans une telle mesure qu'il est possible à l'œil de suivre les divers mouvements qui la composent, mais, encore une fois, on s'apercevra vite que les moments psychologiques ont une influence très grande sur la compréhension.

Quand même l'œil humain serait le plus complet et le meilleur des instruments optiques, quand même il serait en mesure de saisir rapidement les diverses positions des parties du corps, nous n'obtiendrions pas une image complète du mouvement, car l'œil n'est pas en mesure de *fixer* ces observations fugitives, ni de les communiquer. Le jeu rapidement varié des mouvements efface l'impression et c'est en vain que l'observateur fouille sa mémoire pour en retracer la succession. Tous les essais pour reproduire, par la plume ou le crayon, le mouvement et ses détails intimes ont échoué. Celui qui lit tout ce qui a été écrit sur la marche, le vol, la natation sent immédiatement combien il est difficile de faire cette étude d'une manière complète et que ce n'est ni la pensée écrite, ni la pensée dessinée qui peut entreprendre cette tâche difficile.

Pour étudier le mouvement des animaux, on a recours à deux méthodes, qui toutes deux peuvent être appelées méthodes graphiques. La première, la méthode chronographique de Marey, consiste à retracer au moyen d'un appareil enregistreur, sur un cylindre rotatif, une série de courbes qui représentent la direction et la durée du mouvement. Du nombre et de la forme des courbes tracées pendant la révolution des cylindres, on déduit, par exemple dans le vol d'un oiseau, le nombre de coups d'aile, le nombre de contractions ou de détentions des muscles, ou bien on obtient, par déduction, la hauteur et la largeur du mouvement des pointes de l'aile, ainsi que la direction dans laquelle se meuvent certaines parties du corps, soit horizontalement, soit verticalement, pendant le vol. La méthode préconisée par l'éminent naturaliste et physiologiste français est d'une immense et incontestable utilité : elle donne, pour chaque point de la surface mobile, une représentation exacte du mouvement, mais elle est à peine en mesure de fournir une image claire des diverses phases du mouvement ; elle ne donne cette surface qu'imparfaitement, par points, et il faudrait, pour que cette méthode fût complète, qu'elle pût retracer à chaque instant le mouvement par des milliers de points qui composent la surface mobile de l'animal

C'est cet ensemble complet que nous donne la seconde méthode, la méthode photographique.

Celle-ci a été pratiquée avec un grand succès par MM. Muybridge, Marey, Lugardon et Anschütz.

II. — INSTANTANÉES D'ANIMAUX EN MOUVEMENT FAITES PAR M. MUYBRIDGE

Le laboratoire ordinaire est insuffisant lorsqu'il s'agit de photographier un oiseau au vol, un cheval au galop ou le saut de l'homme. Lorsque ces photographies doivent servir à des études

Figure 121. — **Batterie de chambres de M. Muybridge.**

scientifiques, les ateliers ordinaires doivent être remplacés par des espaces plus grands et l'on emploie des appareils spéciaux.

Vers 1877, M. Muybridge fit le premier des séries de photographies représentant l'animal dans les diverses phases de ses mouvements. Il fut encouragé, dans cette entreprise, par le gouverneur Leland-Stanford, qui mit à la disposition du photographe américain son établissement de dressage. M. Muybridge plaçait

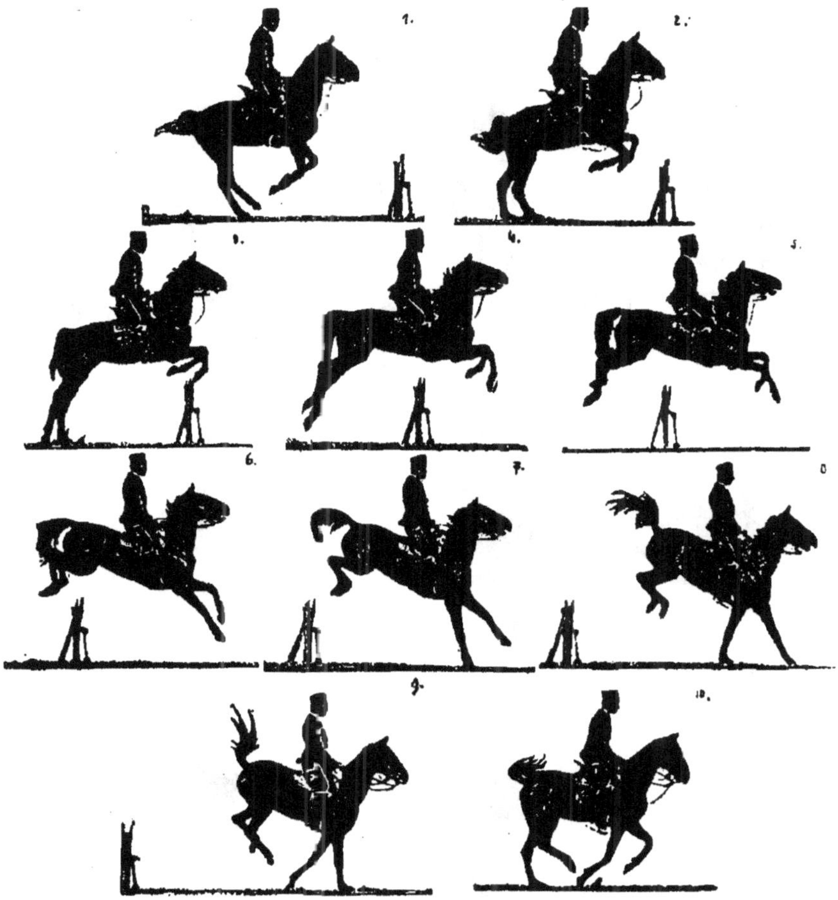

Figure 122. — Cheval monté pris au saut.

en batterie douze à trente chambres photographiques, dont les objectifs se découvraient successivement au moyen d'un dispositif électrique. Sur une piste établie *ad hoc*, se trouvaient tendus un certain nombre de fils que le cheval déchirait dans ses évolu-

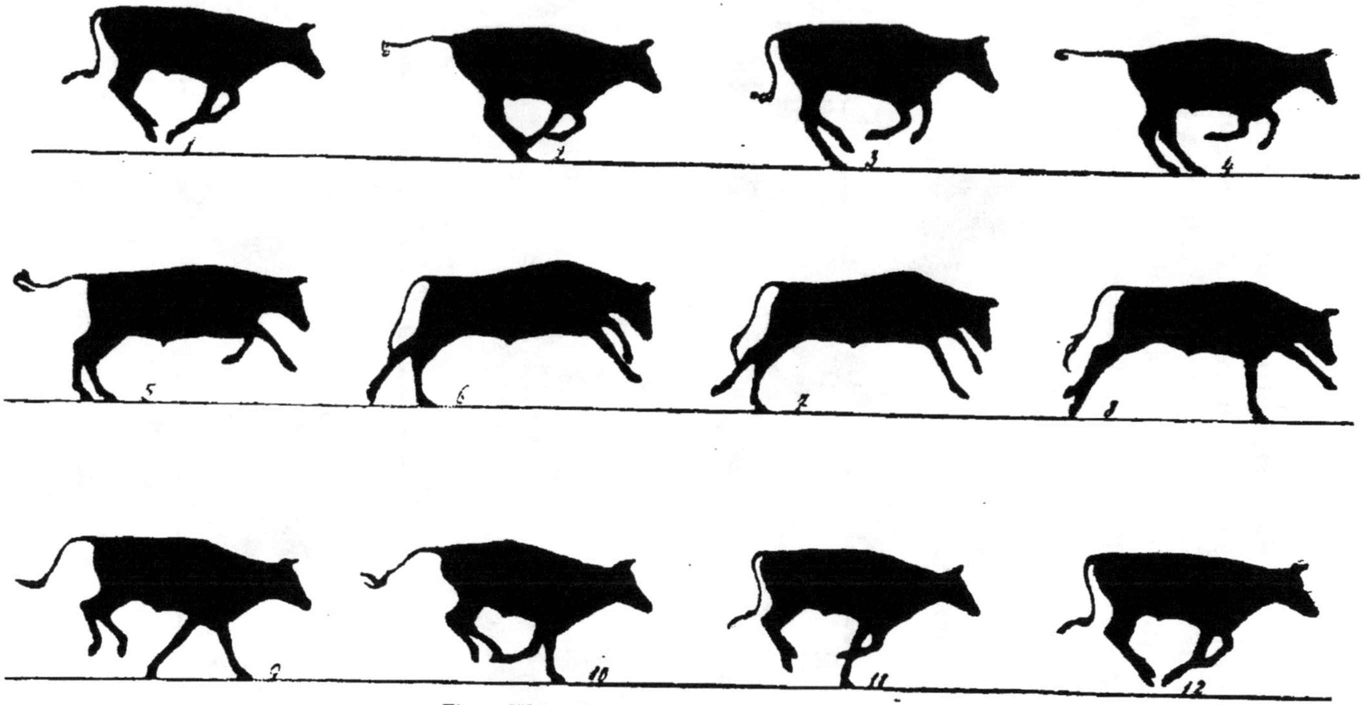

Figure 123. – Taureau sauvage en pleine course.

tions ; ces fils rompus établissaient la communication électrique et toute une série de photographies successives fut ainsi obtenue pendant la course. Suivant la vitesse de l'animal, l'intervalle entre deux épreuves successives variait de 1 seconde à 1/100e de seconde. A côté de cette première batterie, M. Muybridge avait disposé cinq autres chambres (*fig.* 121), qui lui donnaient, pendant l'expérience, cinq attitudes différentes du cheval. Les objectifs employés par Muybridge étaient des objectifs à portrait, munis d'obturateurs très rapides ; le temps de pose évalué par lui correspondait à 1/10000e de seconde, mais pourrait être fixé plutôt à 1/1000e de seconde. Quoi qu'il en soit, Muybridge a obtenu des images nettes d'un cheval au galop. Comme fond, il employait un mur bien blanc sur lequel se détachait la silhouette du cheval.

La figure 122 reproduit le saut d'un cheval monté. Les dix instantanées ont été prises en moins d'une seconde.

D'autres séries d'instantanées de Muybridge nous montrent des chevaux au trot, courant avec une vitesse de 3,3 m. par seconde ; d'autres attelés à de petites voitures ; des porcs, des chiens, du bétail en mouvement.

Une de ces séries (*fig.* 123) représente un taureau sauvage. Remarquons, en passant, qu'il y a beaucoup d'analogie entre le rhythme de la course du taureau et de celle du cheval. On constate déjà, à première vue, la raideur anatomique du corps et surtout des jambes.

Une série d'instantanées de chiens lévriers se voit dans la figure 124 et présente un vif intérêt pour les sportsman.

En 1883, Muybridge entreprit ses études sur l'homme en mouvement. Sa batterie photographique était formée de 40 chambres, avec objectifs de Dallmeyer, à obturateurs électro-magnétiques.

Il prit des instantanées d'hommes portant des charges, d'hommes au pas, en pleine course, et d'hommes au moment où ils sautaient. Il variait le terrain sur lequel l'homme exécutait ces divers mouvements : celui-ci était tantôt plat, tantôt montant, tantôt escarpé ; tantôt le sujet était habillé, tantôt il montrait ses muscles nus. Muybridge ne borna pas là ses travaux : il étudia presque tous les animaux, les oiseaux et même les amphibies.

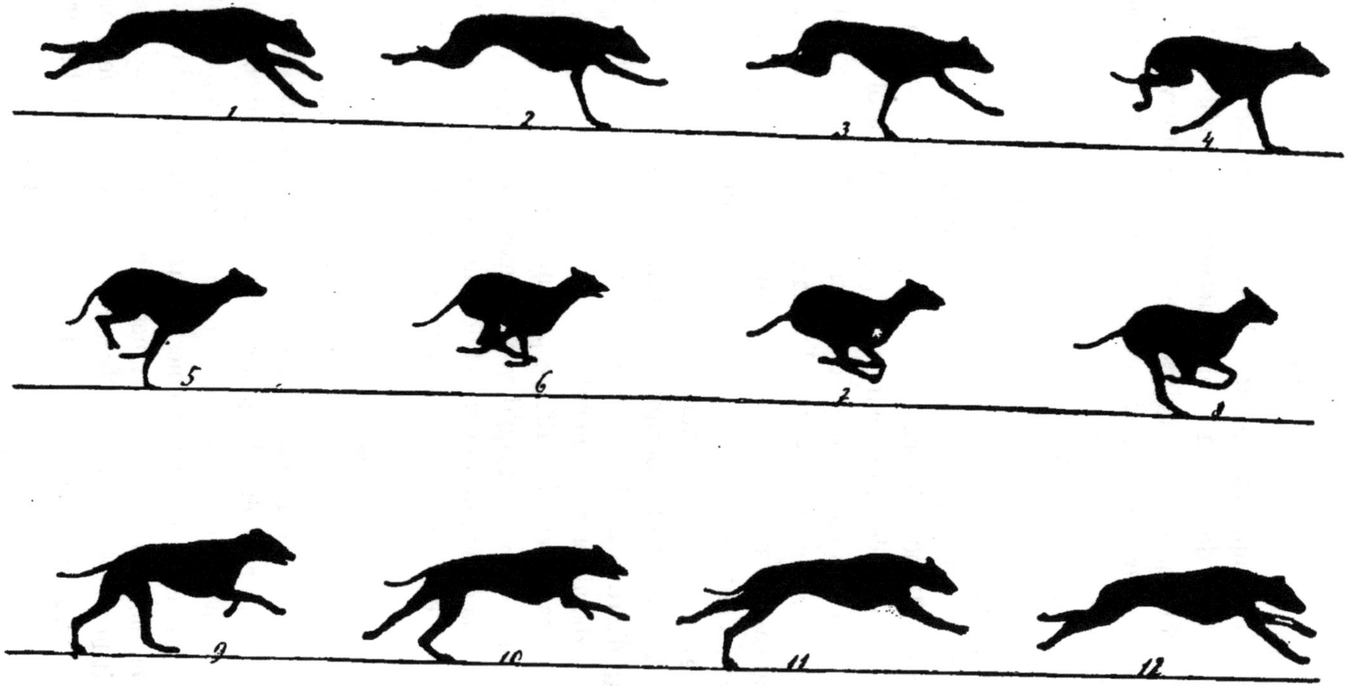

Figure 124. – Lévrier à la course.

En 1885, il fit de nouvelles expériences au Jardin Zoologique de Philadelphie, où il photographia, en employant trois séries de douze chambres, presque tous les quadrupèdes. Les animaux à robe claire étaient estompés sur un fond noir et la robe sombre des autres se profilait sur un fond blanc. Les fauves furent photographiés dans leurs cages.

Les frais de ces remarquables expériences, évalués à 30,000 dollars (150,000 francs), sont couverts au moyen d'une souscription publique et de subsides accordés par l'Université de Pensylvanie. L'œuvre achevée sera publiée en 100 planches photographiques. Le Dr Wellmann a décrit les travaux si importants de Muybridge dans son ouvrage : *The horse in motion as shown by instantaneous Photography*. London, Turner et Co, 1882.

III. — INSTANTANÉES D'ANIMAUX EN MOUVEMENT. INSTANTANÉES D'ANSCHÜTZ

L'attention qu'éveillèrent, dès leur origine, les travaux de Muybridge se trouve justifiée par le fait que les expériences du célèbre praticien démontrèrent l'imperfection de l'observation,

Figure 125.

Figure 126.

Figure 127.

telle qu'elle se pratique à l'œil nu. Les physiologistes et les peintres tombèrent d'accord que toutes les conceptions que l'on s'était faites jusqu'alors sur les mouvements des animaux étaient fausses.

Figure 128.

Figure 129.

Figure 130.

Figure 131.

Au point de vue du modelé, les instantanées de Muybridge ont été surpassées par celles du peintre Lugardon, de Genève. Ce photographe s'applique à prendre les hommes et les animaux en mouvement, même dans de grands formats. Il se sert de l'obturateur Thury et Amey et prend comme objectif les combinaisons dites *Antiplanat* et *Euryscope*. Comme révélateur, M. Lugardon préconise l'oxalate ferreux qu'il laisse agir plus ou moins longtemps, suivant les cas, toutefois en se servant de cuvettes horizontales pour éviter la prompte oxydation du révélateur.

Figure 132. — **Instantanée de Lugardon.**

La série de planches qui accompagnent ces lignes a été faite d'après certains originaux du photographe suisse.

Les figures 125 à 127 représentent des mouettes photographiées sur le lac de Genève.

Les figures 128 à 131 nous montrent quatre béliers dont les originaux sont dans un format plus grand et présentent infiniment plus de détails. M. Lugardon excelle surtout dans les grands formats de chevaux libres ou montés : l'héliotypie (*fig.* 132) nous en offre un remarquable spécimen.

Figure 133.

Figure 134.

Les deux dessins (*fig.* 133 et 134) ont été faits d'après des instantanées de cheval qui se cabre et de cheval qui saute. D'autres photographes se sont laissés tenter par le même sujet : le lieutenant David, le comte Esterhazy, Burger et Anschütz, en Autriche, sont de ce nombre. En France, quelques amateurs pratiquent ces essais

Figure 135.

Figure 136.

avec succès ; ils en publient de temps en temps des spécimens dans l'excellent journal *la Nature*. Les figures 135 à 137 nous montrent (d'après Anschütz) des chevaux attelés, les figures 138 et 139 des chevaux militaires. Si les chevaux au trot ou au saut

Figure 137.

présentent certaines difficultés lorsqu'on veut les photographier instantanément, ces difficultés sont encore beaucoup plus grandes

Figure 138.

Figure 139.

lorsqu'on s'occupe d'animaux plus agiles, tels que des chevreuils et des cerfs. M. Anschütz en a obtenu de très remarquables séries,

Figure 140.

Figure 141.

dont nous donnons, dans les figures 140 à 143, quelques reproductions. Les deux premières nous montrent une biche au moment où elle saute une haie : on remarque que les jambes de devant sont repliées fortement sous le ventre, tandis que les jambes de derrière s'allongent lorsque l'effort qui doit soulever l'animal a été produit.

Nous voyons, dans les figures 142 et 143, un cerf pris en pleine course.

Figure 142.

Figure 143.

On serait tenté de croire que les instantanées du saut de l'homme ou des animaux sont le problème le plus difficile à résoudre en photographie. M. Anschütz, dont la compétence est incontestable, nous assure qu'il considère le trot du cheval comme le mouvement le plus rapide : les sabots et les jambes du cheval fournissent des mouvements de grande amplitude, avec une vitesse également grande. Les instantanées de mouvements se produisant perpendiculairement au rayon visuel sont les plus intéressantes à considérer. M. Anschütz a spécialement photographié ces mouvements ; ses séries de manœuvres de cavalerie, de mouvements militaires, sont universellement connues. En général, ces instantanées montrent peu de profondeur et leur netteté n'est que relative. Nous devons nous pénétrer du fait que les sujets sont pris à pleine ouverture d'objectif.

M. Anschütz se sert, pour obtenir ses négatifs, d'un appareil facilement démontable qu'il peut transporter aisément d'un lieu à un autre. Cet appareil, dont la mise en place n'exige que 5 à 8 secondes, est très solide quoique rien n'y soit sacrifié à la légèreté En temps de manœuvres militaires, lorsqu'il suit les évolutions de la troupe, M. Anschütz fixe son appareil sur un solide trépied en fer et tout l'attirail est porté par un chariot qui transporte aussi le photographe rapidement *à travers champs*. Comme on le voit, la photographie des manœuvres de cavalerie ou d'artillerie ne se fait pas sans fatigues. Ce vaillant photographe possède, à l'heure qu'il est, plus de 1,000 séries de scènes et sujets militaires, dont quelques-unes sont très remarquables.

IV. — INSTANTANÉES D'OISEAUX PRIS AU MOYEN DU FUSIL PHOTOGRAPHIQUE DE MAREY

M. Marey, l'éminent physiologiste français, entreprit en 1882 une série d'études sur le vol des oiseaux, qu'il photographiait au moyen d'un appareil ayant la forme d'un fusil, et qui permet de prendre successivement douze clichés sans devoir être rechargé.

Figure 144. — **Fusil photographique de Marey.**

Le canon de l'arme est un tube renfermant un objectif (*fig.* 144).

En arrière et solidement montée sur la crosse, se trouve une culasse cylindrique, contenant un mouvement d'horlogerie dont le barillet se voit figure 145, n° 1. En pressant la détente du fusil, le ressort

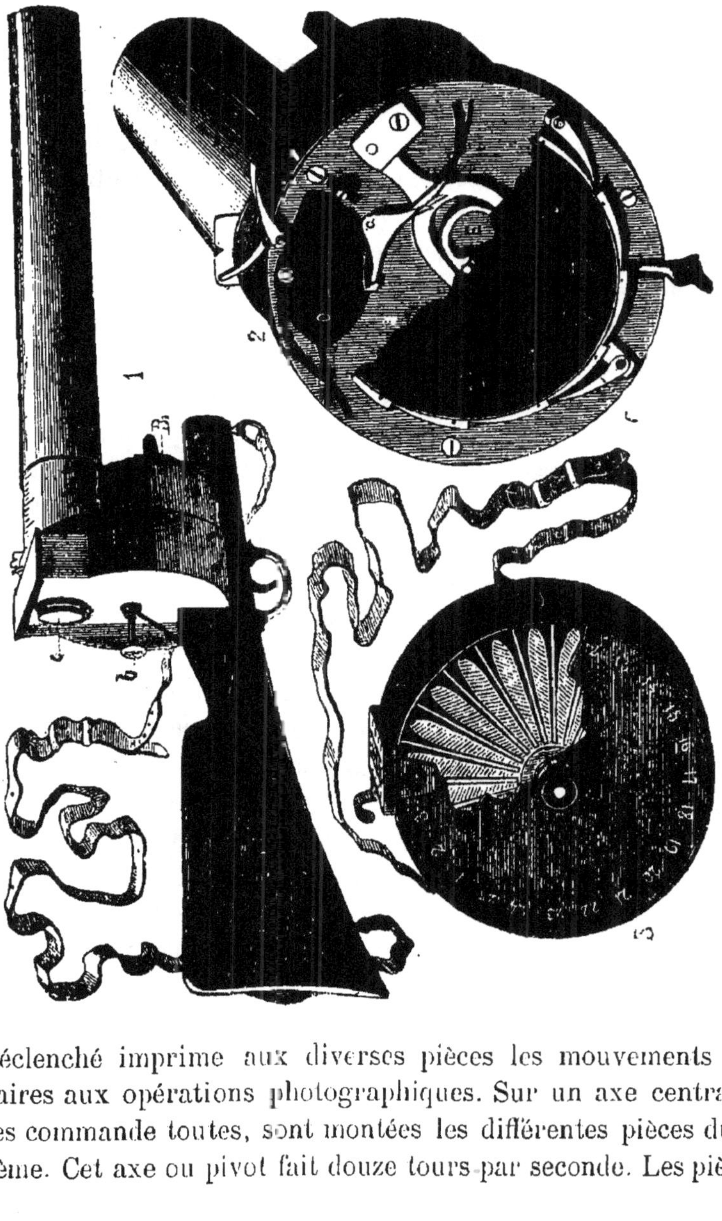

Figure 145. — **Mécanisme du fusil photographique de Marey.**
1. Vue d'ensemble. — 2. Vue de l'obturateur et du disque porte-plaques. — 3. Boîte à escamoter pour vingt cinq glaces.

déclenché imprime aux diverses pièces les mouvements nécessaires aux opérations photographiques. Sur un axe central, qui les commande toutes, sont montées les différentes pièces du système. Cet axe ou pivot fait douze tours par seconde. Les pièces de ce mécanisme comprennent : 1° Un disque opaque *D*, percé d'une fente étroite qui, faisant fonction d'obturateur, laisse passer, douze fois par seconde, les rayons lumineux qui ont traversé l'objectif; chaque passage à travers le disque mobile dure 1/720ᵉ de seconde; 2° derrière cet obturateur tourne librement, sur le même axe, un second disque *D'*, percé de douze fenêtres; contre la face arrière de ce disque, s'applique la glace sensible, ronde ou octogonale (le second disque *D'*, porteur de la plaque sensible, doit tourner d'une manière intermittente, afin de s'arrêter douze fois par seconde devant l'objectif) ; 3° l'excentrique *E*, calé sur l'axe, imprime un va-et-vient régulier à une tige munie du cliquet *C*; ce cliquet engrène successivement chacune des douze dents ménagées sur le pourtour du disque *D'* et abandonne chaque dent après avoir imprimé au disque 1/12ᵉ de tour; il produit ainsi une rotation saccadée; 4° un second obturateur *O* ferme tout accès aux rayons lumineux aussitôt que les douze images ont été obtenues; 5° d'autres dispositifs empêchent la plaque sensible en mouvement de dépasser le point où le cliquet doit l'amener et l'y maintiennent immobile. Un bouton de pression *b* applique fortement la plaque contre le disque qui est recouvert de velours noir, ce qui empêche tout glissement.

La mise au point s'obtient par l'allongement ou le raccourcissement du canon et on peut la surveiller par une ouverture *ad hoc* pratiquée dans la culasse du fusil. Une *boîte à escamoter,* circulaire, sert de magasin à vingt-cinq plaques; elle s'applique sur le fusil et permet de changer, en plein jour, les glaces impressionnées contre des plaques fraîches. Avant de se livrer à l'étude du vol des oiseaux, M. Marey a soumis son fusil aux épreuves expérimentales suivantes :

Une flèche noire fut disposée sur un axe autour duquel elle tournait six fois en une seconde. Le tout avait comme fond une surface bien blanche, vivement éclairée. La vitesse de rotation (à peu près de 5 mètres à l'extrémité de la flèche) était vérifiée et maintenue. M. Marey se plaça, avec son fusil, à 10 mètres de distance, en visant le centre de la cible rotative où il ne distinguait qu'une teinte grise uniforme. La plaque exposée fut développée et fournit douze images parfaitement nettes de la flèche.

Une autre expérience fut faite de la façon suivante : un pendule noir, battant la seconde, oscillait devant une règle blanche graduée, horizontale. La plaque exposée et révélée donnait douze images représentant les diverses positions occupées par le pendule pendant l'oscillation. Tous ces essais démontrèrent le parfait fonctionnement du fusil en même temps qu'ils accusaient le temps de pose employé pour l'obtention de chaque image. Pour plus de certitude dans la mesure des durées, M. Marey adaptait au fusil un appareil chronographique. Cet appareil se compose d'une poire

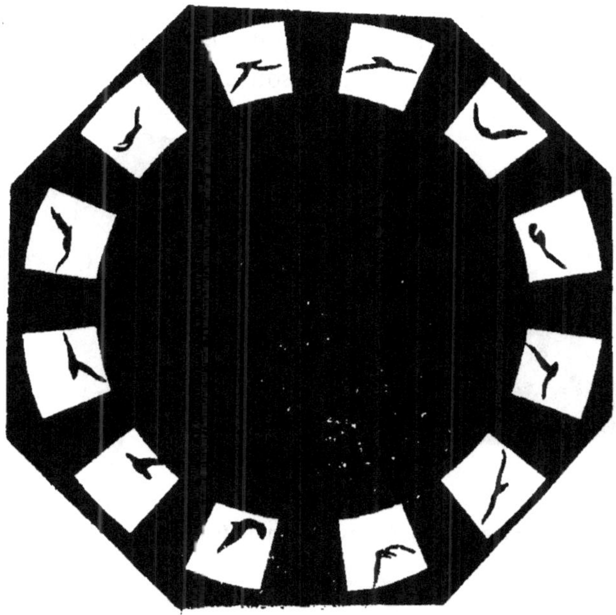

Figure 146. — **Instantanées de mouettes au vol.**

en caoutchouc, reliée à un dispositif enregistreur, lequel trace sur un cylindre tournant un trait à chaque déclenchement du disque D' ; *en même temps*, un chronographe ou un diapason enregistre sur le même cylindre un nombre de vibrations correspondant, dont la vitesse est connue et d'où l'on déduit leur durée ; celle-ci, divisée par le nombre de déclenchements que marque l'enregistreur, donne la vitesse de rotation du disque. Il est donc facile de calculer ensuite la durée de chaque exposition de la plaque. A chaque passage du disque *D*, l'air de la poire en caoutchouc transmet au dispositif le choc reçu. De cette manière la durée de l'impression lumineuse se trouve exactement mesurée. Après ces essais préliminaires, M. Marey se mit à photographier les oiseaux au vol. On voit, figure 146, une mouette qui vole et l'on peut comparer les douze attitudes prises par elle en une seconde de temps : ce vol est peu régulier ; c'est alternativement un vol ramé et un vol planant. Dans d'autres expériences, l'éminent physiologiste prit les mouettes entièrement par le travers. L'oiseau donne ordinairement trois coups d'ailes par seconde : on trouve donc dans les douze images obtenues quatre attitudes différentes, qui se reproduisent périodiquement. Les ailes sont d'abord élevées au maxi-

Figure 147.

Figure 148.

Agrandissements d'images obtenues au moyen du fusil photographique (mouettes).

mum, puis elles baissent; dans l'image suivante, elles sont au plus bas et dans la quatrième elles se relèvent. Cette même série de mouvements se reproduit successivement. En agrandissant ces figures, on peut obtenir des images très visibles, mais dont la netteté laissera d'autant plus à désirer que les épreuves auront été plus agrandies. Reproduites par l'héliogravure, elles ne donnent plus qu'une silhouette (*fig.* 147 et 148). Il ne faudrait cependant pas désespérer d'obtenir par la suite un certain modelé. Placés sous un microscope à faible grossissement, les négatifs originaux permettent de compter les *rémiges* et de saisir *l'imbrication* des plumes. En disposant les séries de photographies d'oiseaux

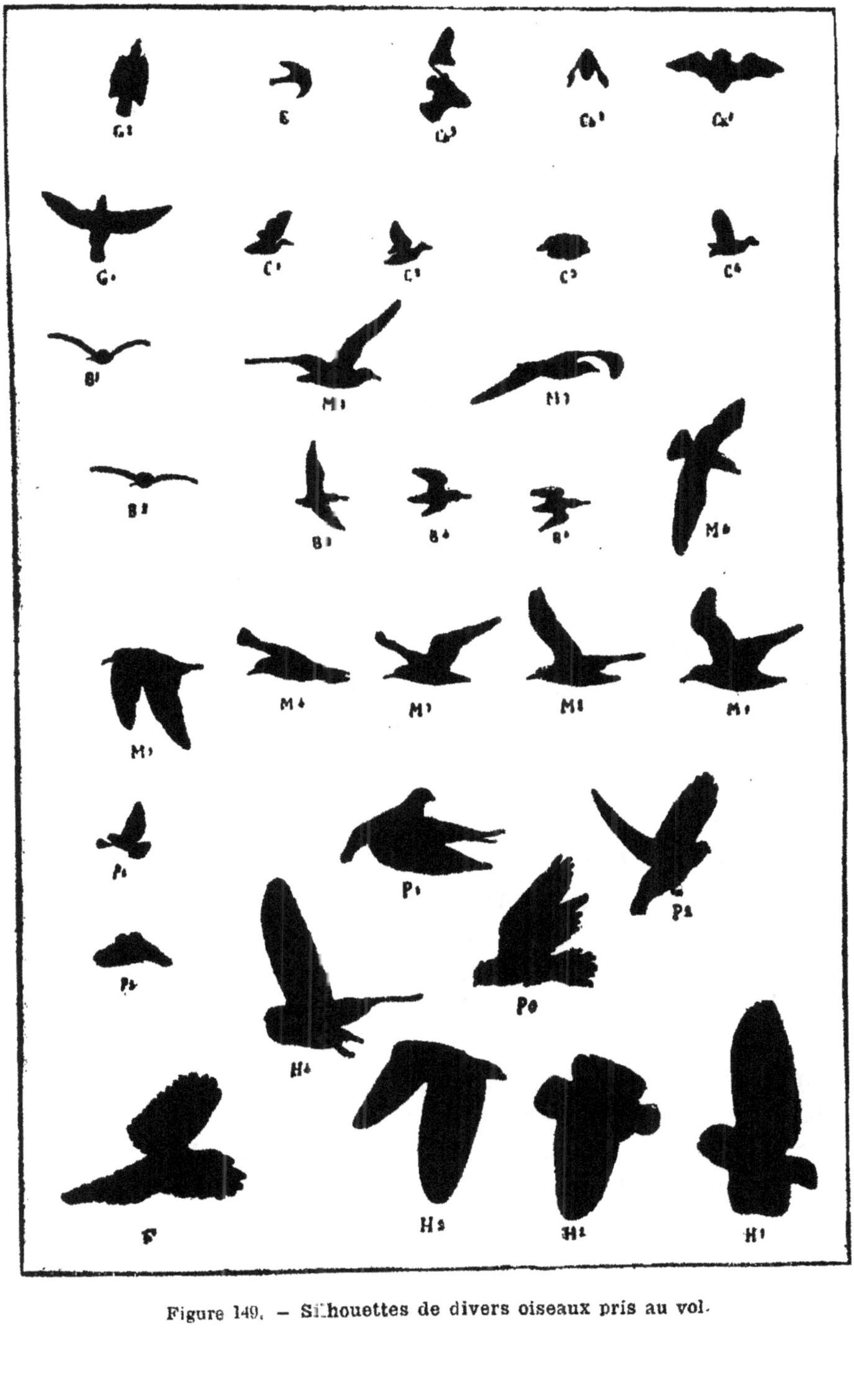

Figure 149. – Silhouettes de divers oiseaux pris au vol.

sur un phénakisticope, on reproduit assez bien l'apparence des mouvements du vol, mais les images correspondant à chaque révolution de l'aile sont encore trop peu nombreuses pour bien permettre l'analyse du vol dans son ensemble. Pour y arriver, on peut augmenter la vitesse du mouvement d'horlogerie, car l'impression lumineuse se fait encore sentir avec une pose de 1/1400e de seconde, même avec des objectifs ordinaires.

M. Marey a renouvelé ces expériences sur d'autres oiseaux. La figure 149 donne une suite de silhouettes d'oiseaux pris au vol.

H^1 représente un hibou pris au moment où il laisse tomber les ailes; H^2 et H^3 montrent l'oiseau dans la période où les ailes s'abaissent de plus en plus ; H^4 retrace le mouvement contraire (les ailes s'élevant). La forme presque ronde de la tête rend la compréhension de l'image assez difficile au premier coup d'œil, l'inclinaison de l'oiseau semble également étrange.

Le faisan argenté F a été photographié au commencement de l'abaissement des ailes et vers le milieu de ce mouvement ; sa position est légèrement inclinée et le côté du ventre se trouve tourné vers l'appareil.

Le pigeon P^1 montre la dernière période de la chute, P^2 la fin de l'élévation, P^3 est l'image du pigeon Montauban, dont le vol est très lourd. Il faut lancer cette espèce dans l'air pour la faire voler et encore tous les efforts de l'oiseau tendent plutôt à empêcher sa chute qu'à opérer un mouvement de translation.

Dans la figure P^1 nous rencontrons le pigeon-paon au moment où il baisse les ailes, P^2 est la fin de la chute.

La mouette M^1 a été photographiée alors qu'elle volait horizontalement. Les positions 1, 2, 3, 4, 5 correspondent aux divers abaissements des ailes. M^6 est l'image d'une mouette qui plane, vue par en haut ; M^7, celle d'une mouette avec ailes baissées ; M^8 donne une autre position des ailes de la même mouette.

La bécassine opère en B^1 et B^2 sa descente ; en B^3 elle est prise plus de côté et un peu par le bas. B^4 et B^5 correspondent aux mouvements du vol planant.

La grive prise par le bas au moment de la chute des ailes se voit en G^1 ; en G^2 elle ferme les ailes et se lance en avant, comme un projectile, jusqu'au moment où un nouveau coup d'aile est nécessaire pour empêcher sa chute ; elle reprend alors la position G^1.

L'émouchet plane, en *E*, presque sans mouvement ; le bec est appliqué contre le ventre. L'oiseau se maintient contre le vent par quelques coups d'ailes.

Le canard C^1 et C^2 a été pris au moment de lever les ailes, C^3 est la fin de la chute.

La chauve-souris est difficile à photographier à cause de son vol brisé, de sa petite taille et surtout à cause de l'heure tardive à laquelle elle quitte sa retraite.

Les meilleurs résultats n'ont donné à M. Marey que cinq ou six images sur douze qu'aurait pu donner la plaque sensible, et encore ces images étaient parfois sur la limite du champ de l'instrument. Ch^1 reproduit la chauve-souris au milieu de l'élévation des ailes ; Ch^2 la fin de l'abaissement des ailes, vu de devant. L'animal dont l'image se trouve en Ch^3 a perdu une partie de la membrane de ses ailes.

L'étude attentive de la position des ailes de ces oiseaux permet d'entreprendre l'explication des mouvements du vol. Si l'on suit attentivement la course de l'aile, on verra que, aussitôt qu'elle a atteint sa plus grande hauteur, elle se porte rapidement en avant ; elle couvre alors la tête. L'aile s'abaisse ensuite et s'arrondit vers l'intérieur. Jusqu'à la fin de la chute, les ailes restent étendues ; elles se replient ensuite et l'articulation forme alors avec le corps un angle très prononcé ; les plumes s'éloignent les unes des autres et l'imbrication se montre clairement. Il se forme entre elles des ouvertures — semblables à celles qui existent entre les articulations d'une jalousie — dont le but est de laisser passer l'air au moment où l'aile est laissée en arrière. Les fonctions des plumes avaient déjà été signalées par certains auteurs, mais ces écrits reposaient plutôt sur des conjectures anatomiques que sur le résultat d'une observation réelle. M. Marey ne croit pas que ces fonctions des plumes continuent pendant tout le vol : elles cessent au moment où l'oiseau a acquis toute sa vitesse. Les instantanées démontrent également que chaque plume de l'aile a son mouvement propre et indépendant. Ce fait semble expliquer pourquoi certains oiseaux, de grande espèce, peuvent se maintenir dans l'air sans faire de mouvements apparents.

Pour éclaircir entièrement toutes ces questions, il faudrait multiplier davantage les expériences, produire un plus grand nombre d'images en séries et prendre la position des ailes sous différents angles. Dans ces cas, il faudrait aussi prendre les oiseaux de profil, au moment où ils s'approchent et où ils s'éloignent. Enfin, ces expériences devraient être tentées avec des oiseaux de différentes espèces.

V. — INSTANTANÉES DE VOL D'INSECTES

M. Marey, pour étudier le mouvement du vol des insectes, attache ceux-ci sur une longue aiguille qui se meut sur un fond entièrement noir. L'insecte vivement éclairé se détache ainsi fort bien. L'aiguille reçoit un mouvement uniforme mais lent, ce qui permet aux ailes, qui sont entièrement libres, de se mouvoir. La plaque sensible peut ainsi reproduire les différents coups d'ailes.

VI. — SÉRIES D'INSTANTANÉES DE PIGEONS, DE CIGOGNES, ETC. IMAGES INSTANTANÉES DE M. ANSCHÜTZ

Les remarquables résultats obtenus par Marey et Lugardon auraient déjà pu contenter les plus difficiles; mais il faut cependant en convenir, souvent ces résultats consistaient uniquement en des séries de silhouettes d'un animal en mouvement. Les reproductions des diverses phases d'un mouvement ne présentaient pas toujours autant de détails que pourrait le souhaiter le photographe. C'était un problème qui restait à résoudre. Vers 1884, M. Anschütz, qui avait déjà éveillé l'attention du monde savant par ses splendides instantanées de chevaux, de charges de cavalerie, de manœuvres d'artillerie, résolut de produire des instantanées d'oiseaux au vol qui, tout en satisfaisant l'intérêt scien-

Figure 150. – Instantanées de pigeons au vol.

tifique, auraient présenté au public des épreuves artistiques et irréprochables comme détails. Avec une patience vraiment angélique, le photographe de Lissa se mit à l'œuvre. D'un observatoire caché, il épie les pigeons, les cigognes, etc., et son objectif nous révèle bientôt les mœurs de ces oiseaux et, surtout, certains détails de leur vol. Nous donnons, figure 150, un négatif de pigeons d'une netteté surprenante et d'une grande finesse dans les détails. Sur l'épreuve originale, on distingue jusque la position de chaque plume de l'aile et de la queue. Pendant le vol, les deux ailes, à de certaines périodes, se lèvent au-dessus du corps et finissent par se toucher. C'est ce qui justifie le claquement que l'on entend parfaitement lorsqu'on observe un pigeon au vol. Lors de l'abaissement de l'aile, certaines plumes se portent en avant, elles prennent la forme concave et se rejettent en arrière lorsque l'aile se relève. L'extrémité de l'aile et son articulation prennent des positions diverses suivant la direction imprimée au vol. On reconnaît que l'impulsion de l'oiseau en avant est soutenue par l'extrémité des ailes; tandis que le développement en hauteur est produit par le jeu de l'articulation, laquelle donne plus ou moins de surface à l'aile suivant les cas.

Les plumes de la queue semblent servir de gouvernail; suivant leur position et leur développement, le vol se trouve dévié de la verticale.

Les instantanées de cigognes, faites par M. Anschütz, sont intéressantes à un double point de vue.

Comme on le sait, la cigogne est un des plus grands oiseaux de l'Europe; son vol est léger, gracieux et très rapide. Contrairement aux autres grandes espèces, cet oiseau se laisse approcher. D'autre part, il est indispensable, comme l'a très bien dit M. Mouillard, d'opérer sur un grand sujet si l'on désire analyser le mécanisme du vol. Les instantanées de cigognes tentèrent donc avec raison les photographes; la réussite de ces expériences devait être d'une grande importance scientifique.

La cigogne est considérée, dans beaucoup de pays, comme un oiseau tutélaire : il fait partie de la famille et préside à tous les grands événements. Aussi s'en occupe-t-on beaucoup; et, comme beaucoup de ces oiseaux sont empreints d'une certaine majesté, ils éveillent l'intérêt chez les citadins et le respect chez le campagnard. Cet intérêt populaire, joint à l'intérêt scientifique, détermina M. Anschütz à observer photographiquement et de très près une famille de cigognes. Observations pleines de charmes, que nous retracent les figures 151 à 156.

Un nid de cigognes se trouvait dans le voisinage immédiat de la maison du photographe; un objectif fut braqué par une lucarne. Mais la vigilante sentinelle du nid considérait avec méfiance cet objet inconnu qu'elle avait aperçu et le signala à sa compagne. Pendant plusieurs heures, rien ne bougea dans le nid et la vigie elle-même semblait pétrifiée. Anschütz s'en revint donc bredouille et enleva son appareil : aussitôt la vie reparaît dans le nid; tout le monde reprend ses occupations et ses ébats. Le lendemain, Anschütz dissimula la chambre et la lucarne sous une masse de verdure; néanmoins, il fallut encore plusieurs jours avant que la méfiance de mère cigogne fût tombée entièrement. Dès ce moment, il fut possible d'épier, avec une indiscrétion de portière, les mœurs et les habitudes de la famille échassière. Mâle et femelle ne quittent jamais en même temps le domicile : toujours l'un d'eux garde le logis et veille sur les petits. Après trois ou quatre heures, l'absent rentre et l'autre aussitôt de déguerpir. C'est à ce moment de la rentrée et de la sortie que se produisent les scènes les plus intéressantes à suivre et que l'objectif du photographe peut saisir

Figure 151. — L'oiseau prend ses dispositions pour aborder le nid.

les plus beaux sujets. La figure 151 montre le moment où le mâle s'approche du nid; ses ailes sont encore étalées, comme si l'oiseau planait; mais déjà les jambes et le bout de l'aile sont fortement ramenés en avant. L'aile, qui jusqu'alors formait une surface plane, se trouve comme brisée au bout et les plumes de cette partie extrême forment avec l'aile elle-même un angle presque droit.

Ce mouvement en avant des ailes et des jambes s'accentue encore davantage au moment où l'oiseau aborde le nid. La cigogne

Figure 152. – **Cigogne retournant au nid.**

arrête le vol en se courbant entièrement en avant : les ailes déployées forment un demi-cercle dont la surface est presque verticale et très ouverte par devant. Le corps reçoit, dans cette attitude, une forte pression de l'air et cette résistance arrête le

Figure 153. — **Querelle de ménage.**

mouvement de translation. Par un mouvement très grotesque, l'oiseau reprend sa véritable forme et replie les ailes sur le dos.

Le mouvement que nous venons de décrire, et qui a pour but d'empêcher l'oiseau de dépasser le but, n'est pas exclusif à l'abor-

Figure 154. — **Quiétude conjugale.**

dage. Souvent la cigogne plane au-dessus du nid : elle replie alors les ailes en parachute et descend lentement en ligne droite sur le bord (*fig.* 152). Le mouvement de descente démontre clairement que les plumes, ou du moins toute une série de plumes, possèdent

Figure 153. — Le départ.

un mouvement qui leur est propre ; c'est ainsi que les plumes du bout de l'aile se trouvent tantôt écartées, tantôt closes (*fig.* 146).

L'oiseau rentrant au nid n'est pas reçu d'une manière indifférente par celui qui y est resté : suivant son humeur et peut-être aussi

Figure 156. — Le départ.

suivant la durée de l'absence, celui-ci lève la tête en l'air comme pour exprimer au voyageur sa joie de le revoir. D'autres fois, lorsque l'absence a été trop prolongée, l'arrivant est reçu avec force coups de bec et un sermon en règle. La position baissée de la tête et du bec indique clairement une querelle de ménage (*fig*. 153).

La figure 154 nous montre un couple de cigognes au repos. Ces moments de tendre quiétude ne sont pas nombreux, surtout lorsque le nid renferme des petits. M. Anschütz eut la bonne fortune de surprendre les parents au moment où ils nourrissaient leurs petits et celui où ils leur donnaient à boire : du bec de la mère cigogne s'échappe alors un mince filet d'eau, qui tombe alternativement dans le bec avidement ouvert de chaque petit.

Lorsque les jeunes sont devenus un peu grands, ils commencent à exercer leurs ailes, et, comme l'espace occupé par le nid est assez restreint, ils se livrent à ce travail à tour de rôle.

Au moment de quitter le nid, la cigogne se lève toute droite, elle mollit les ailes et pique vivement une tête par-dessus le bord du nid (*fig*. 155). Les ailes se forment alors en parachute et peu à peu elles quittent la position perpendiculaire au corps, qu'elles avaient prise, pour s'étendre en surface. L'oiseau fend alors l'air par la tranche des ailes (*fig*. 156) et se meut dans une position légèrement inclinée, sur un parcours d'une dizaine de mètres, puis il donne le premier coup d'aile. Ces mouvements sont suivis attentivement par les petits, qui semblent comprendre que c'est par ce chemin et de cette façon qu'ils opéreront leur entrée dans le monde.

VII. — SÉRIE D'INSTANTANÉES DE CHEVAUX EN MOUVEMENT PRISES PAR M. ANSCHÜTZ

De même que les travaux de Marey éveillèrent en France l'attention du monde savant et amenèrent l'intervention pécuniaire du gouvernement français, de même M. Anschütz trouvait dans sa patrie un appui éclairé auprès des ministres des cultes et de la guerre.

En 1886, il entreprit, par ordre du gouvernement, des séries d'instantanées de chevaux au trot et au galop. Les résultats sont d'autant plus remarquables que les épreuves obtenues sont déjà d'un format assez grand (8 c/m) et remplies de détails. La chambre photographique était placée assez bas et le cheval lancé fut photographié douze fois en trois quarts de seconde, pendant qu'il sautait un obstacle. On peut saisir ainsi tous les mouvements qui président au saut, depuis le moment où les sabots quittent la terre jusqu'au moment où le cheval retombe de l'autre côté de l'obstacle. Une échelle graduée, photographiée en même temps, permet de se livrer à toutes sortes de mesures. Ces instantanées (1) ont jeté un jour nouveau sur certains points obscurs de l'hippologie : elles ont démontré, entre autres, qu'après le saut le cheval ne touche pas terre par les deux pieds de devant à la fois, mais qu'il pose d'abord un sabot, puis l'autre.

La position révélée des jambes est aussi tout autre que ne le figurait graphiquement la conception.

(1) Publiées dans l'*Illustrirten Zeitung* n° 1, 1886.

CHAPITRE XXII

Instantanées de personnes hypnotisées et de celles qui dorment. — Application de la Photographie à l'étude de la physiologie.

I. — PORTRAITS DE PERSONNES HYPNOTISÉES OU DE CELLES QUI DORMENT

Lorsqu'on photographie des personnes endormies, on est très surpris d'obtenir, à de rares exceptions près, des expressions peu agréables; les enfants seuls fournissent des portraits passables. La physionomie de la femme qui dort exprime le remords, celui de l'homme exprime la douleur. Ce fait relègue tout à fait dans le domaine du roman la beauté sublime de la « belle au bois dormant ».

Quelques portraits d'une jeune fille hypnotisée furent montrés, en 1884, à une séance de la Société photographique de Berlin. Dans l'une de ces épreuves, les yeux convergent encore, mais celui de droite fixe un point plus bas que celui fixé par l'œil gauche. La mâchoire inférieure s'est abaissée, et, dans toute la physionomie, on découvre une expression de lassitude. L'ensemble de cette expression est plus naturel dans une autre épreuve. Les mains sont jointes comme pour la prière. Le visage est illuminé, les lèvres sont closes, les yeux fixent le ciel, les pupilles sont rétrécies; l'expression en général est meilleure, parce que la partie inférieure du visage a été couverte.

Comme contre-partie, nous signalerons quelques épreuves de grenouilles hypnotisées, qui prennent, au contraire, une expression très comique.

II. — LA PHOTOGRAPHIE COMME MOYEN D'OBSERVATION DANS LES MAISONS DE SANTÉ

La photographie a été utilisée, comme moyen d'observation, dans les maisons de santé il y a déjà trente ans. M. Brustfield, de Chester, communiqua en 1857, à la Société photographique de Londres, la remarque, faite par lui et par ses collègues, que les personnes dont l'esprit est malade aiment à contempler leurs portraits. Il raconte entres autres qu'une malade lui demanda son portrait pour l'envoyer à son fils, afin que celui-ci pût se rendre compte des progrès de la convalescence. M. Brustfield, redoutant que les aliénés atteints de monomanies dangereuses, dont l'influence fatale engendre des excès redoutables et pousse même au meurtre, parviendraient à tromper la vigilance de leurs gardiens et à fuir, proposa, il y a déjà longtemps, de photographier les sujets à leur entrée dans l'asile. Les portraits, communiqués en cas d'évasion aux autorités, faciliteraient les recherches et assureraient des captures promptes.

La grande sensibilité des plaques au gélatino-bromure permet aujourd'hui au photographe de saisir les traits les plus mobiles, c'est un résultat qu'on n'aurait pas osé espérer il y a cinquante ans.

M. Albert Londe décrit, dans le journal *La Nature*, un laboratoire photographique adjoint à l'une des maisons de santé de Paris. Un des plus célèbres médecins aliénistes, le professeur Charcot, se sert continuellement de la photographie, comme moyen d'observation, à l'hôpital de la Salpêtrière. La malade est photographiée dès son entrée à l'hôpital, et chaque fois qu'un changement notable se produit dans son état. Ce système est surtout précieux lorsque le médecin étudie les contractions hystériques. Ces photographies témoignent fidèlement de l'état de la malade au début, ainsi qu'aux diverses phases ou époques de la maladie. Dans les cas d'hystérie épileptique ou d'hystérie simple, la photographie instantanée est très utile au médecin traitant. Le docteur Charcot a pu démontrer, par son concours, que ces maladies présentent des phases distinctes, qui se succèdent d'une façon chronique. L'appareil employé pour les observations médicales se compose d'une chambre noire, dont la planchette porte en couronne neuf

Figure 157. — La photographie instantanée à l'hôpital.

objectifs à foyers égaux. Un disque en aluminium, noirci et percé d'une ouverture quadrangulaire, tourne derrière ces objectifs et fait fonction d'obturateur; il est mis en action par un mouvement d'horlogerie. En repos, il ferme tous les objectifs. Un courant électrique est lancé dans un circuit électro-magnétique, en communication avec un dispositif spécial qui sert à déclencher le disque, dont l'ouverture découvre alors un des neuf objectifs. Le déclenchement a lieu à chaque fermeture du circuit. L'appareil est ainsi toujours prêt à entrer en fonction et se dispose comme dans la figure 157. Pour opérer, le médecin ferme le courant au moment voulu, au moyen du commutateur *D* (*fig.* 158), et la pose commence. S'il désire obtenir rapidement une série de poses, à des

Figure 158. – Appareil photo-électrique A. Londe.

intervalles égaux, il lance le courant de la batterie *B* dans le métronome *C*, dont les branches *E*, plongeant dans des godets contenant du mercure, ouvrent et ferment automatiquement le circuit. Une aiguille qui tourne avec le disque obturateur indique, sur le devant de la chambre *A*, l'objectif qui a été découvert le dernier. La manotte *M* sert à remonter le mouvement d'horlogerie. Nous croyons intéresser le lecteur en reproduisant, figure 159, des essais obtenus sur une plaque par l'appareil que nous venons de décrire. La chambre avait été dirigée sur deux personnes marchant dans la rue. Les neuf images nous montrent successivement ces personnages marchant l'un derrière l'autre, puis se rejoignant pour marcher finalement côte à côte.

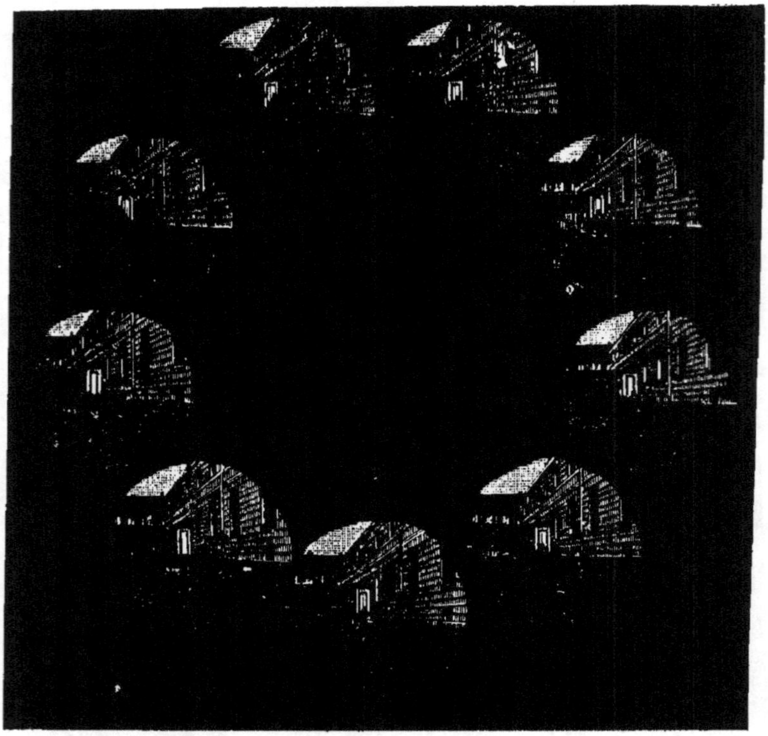

Figure 159. — **Épreuves obtenues avec l'appareil de Londe.**

III. — APPLICATION DE LA PHOTOGRAPHIE INSTANTANÉE A L'ÉTUDE DES MOUVEMENTS PHYSIOLOGIQUES RAPIDES

Nous trouvons, dans le *Journal d'Anatomie et de Physiologie* de 1865, un article intitulé : *Études critiques sur les mouvements du cœur,* dans lequel MM. Onimus et A. Martin prétendent avoir photographié, malgré le peu de rapidité des procédés connus alors, les pulsations du cœur, dans les positions extrêmes de cet organe.

Le Dr Stein, de Francfort, fit activement, quelques années

après, de la photographie physiologique : il s'évertua à reproduire graphiquement le jeu de certaines fonctions, telles que les pulsations du cœur, les battements du pouls, la respiration, la contraction des muscles et les variations de la température du corps.

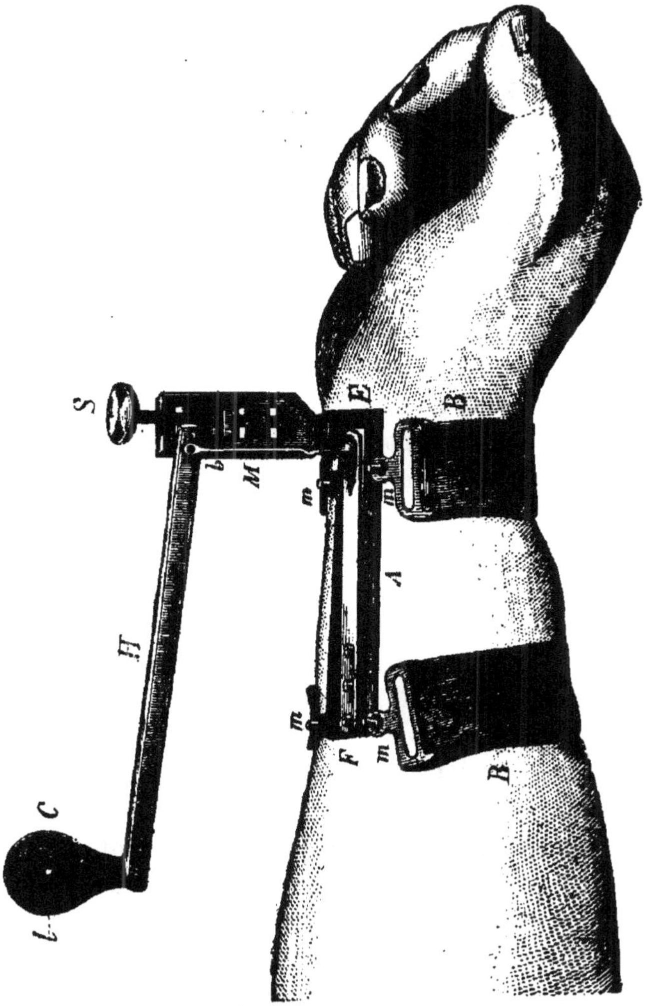

Figure 160. — **Appareil du docteur Stein.**

Déjà en 1863, Czermak suggéra à l'Académie des sciences de Vienne l'idée de photographier les battements du pouls. Il proposa de concentrer au moyen d'une lentille les rayons lumineux et de les faire passer sur le champ d'un bouton hémisphérique à fixer sur l'artère. L'ombre sautillante de ce bouton, projetée sur un écran, aurait produit distinctement une courbe photographiable. Cette idée ne fut jamais mise en pratique, et c'est l'appareil imaginé plus tard par le Dr Stein qui sert aujourd'hui. Cet appareil donne avec exactitude des courbes graphiques. Il se compose (*fig.* 160) d'un petit cadre en laiton sur lequel est fixé le ressort *FF*. Celui-ci porte au-dessus, en *A*, un bouton en métal, et en dessous un petit anneau en corne, qui vient s'appuyer contre l'artère. Le bouton *A* se trouve en communication, par la tige *M*, avec le levier en corne *H*, qui oscille en *b*. Un petit écran noir *C*, percé d'un trou à son centre *l*, est fixé à l'autre extrémité du levier. La vis *S* sert à rapprocher le dispositif de l'artère. Le cadre en métal se fixe sur l'avant-bras au moyen de deux bandes en caoutchouc *BB*, qui s'accrochent en *mmmm*. Le levier de ce léger appareil prend un mouvement sautillant sous l'impulsion du pouls. Si l'on fait tomber un faisceau lumineux, par l'ouverture *l*, sur une surface sensible mue par un mouvement d'horlogerie, ce faisceau tracera une courbe qui correspond aux battements du pouls.

Figure 161. — Fac-simile d'une courbe graphique des battements du pouls.

La figure 161 représente une courbe graphique des battements du pouls. La courbe prend plus de hauteur lorsque la pulsation est plus forte, comme, par exemple, après le repas, ou après la montée d'un escalier. Il ne dessine pourtant jamais une pulsation ascendante ou descendante simple. Le sang bat par deux pulsations contre les parois de l'artère et l'on distingue l'intervalle qui sépare l'expansion et la contraction du cœur.

Les remarquables travaux du Dr Stein ont été consignés en un volume qui donne également la description des appareils employés (1).

(1) *La Lumière au service des Recherches scientifiques*, Halle-à-S., 1885, en allemand.

On sait que la production d'un son et la prononciation des voyelles sont réglées par certains mouvements des lèvres et de la bouche, qui ont intrigué de tout temps le dialecticien.

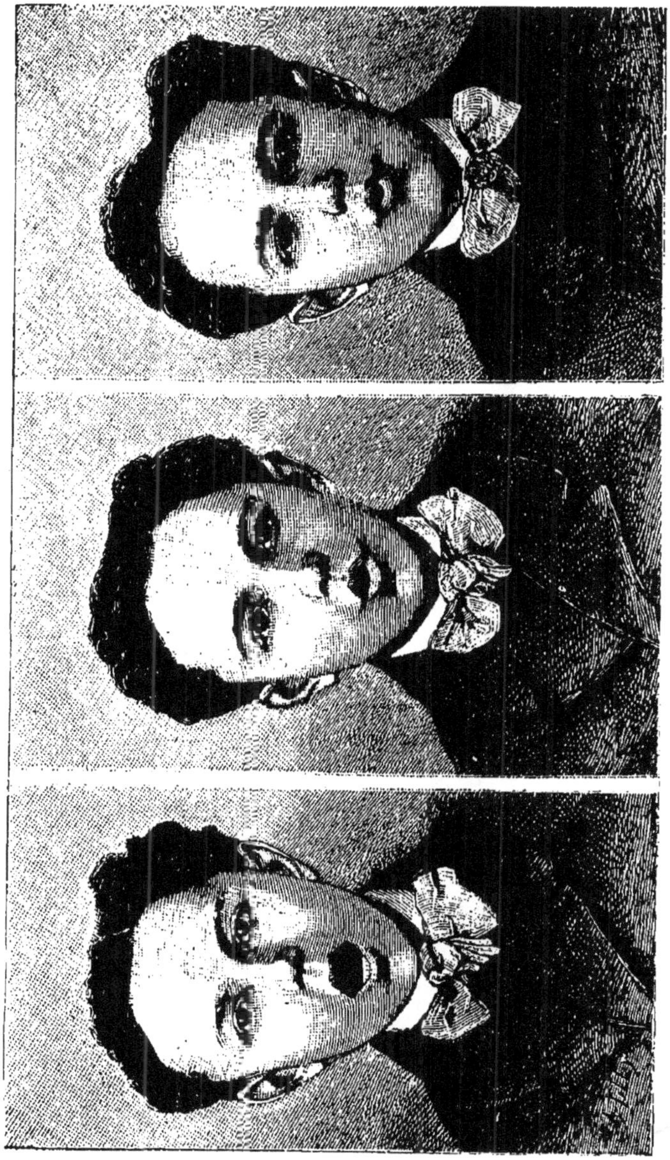

Figure 162. A.

Figure 163. O.

Figure 164. U.

Position de la bouche dans l'énonciation des voyelles.

Les figures 162 à 164 montrent la position des lèvres pendant la prononciation des voyelles A, O et U, et donnent un exemple de la manière dont *on peut lire sur les lèvres*. Ces figures ont été dessinées d'après des photographies jointes à un article de M. Félix Hément, intitulé : *Les progrès récents dans l'enseignement des sourds-muets* (1).

La photographie instantanée a élucidé encore d'autres problèmes qui se rattachent plutôt à l'art qu'à la science. M. Banard, de New-York, a photographié des violonistes, des chanteurs, des comédiens, des pianistes, dans l'exercice de leur art. Ces instantanées reproduisent les positions des doigts, des mains, les mouvements de la bouche, etc., etc., et fournissent d'excellents modèles aux jeunes élèves, car elles ont été prises d'après des maîtres connus et appréciés.

(1) *La Nature*, 1885, p. 168.

CHAPITRE XXIII

L'Homme en mouvement

Lorsqu'on examine, même superficiellement, une instantanée de rue, on se trouve fort surpris par les étranges positions qu'affectent les personnages; en y regardant de près, on y trouve les lignes les plus bizarres, qui ne correspondent en rien à tout ce que l'art nous représente au *conventionnel*.

Les figures 165 à 177 ont été gravées fidèlement d'après des originaux appartenant à l'auteur. Dans les cinq premières (*fig.* 165 à 169), nous voyons des personnes qui se promènent. Ce qui frappe

Figures 165 166 167 168 169 170.

le plus dans ces instantanées, c'est la position du pied qui part. Contrairement à toutes les conceptions admises, c'est le talon qui s'appuie le premier sur le sol; en même temps le bout du pied s'élève fortement en l'air. Un peintre oserait-il dessiner les figures 166, 168, 169, 172 et 174? Il est peu probable aussi que l'officier représenté figure 172 serait fort enchanté de la marche que lui démontre l'appareil photographique. La position de la figure 169 se rencontre fort souvent sur les négatifs : c'est celle d'un marcheur à allure rapide. L'original de la figure 170 représente un Viennois qui traverse une des allées du *Prater*, au moment où les attelages élégants s'y croisent en tous sens. Nous rencontrons encore des marcheurs dans les figures 171 à 173. Des paysans marchent derrière et à côté de la charrue dans les figures 174 et 175. La

Figures 171 172 173 174 175.

silhouette de trois enfants sortant de l'école en courant est donnée dans les figures 176, 177, 178. Un gamin saute (*fig.* 179) au-dessus d'un obstacle et un baigneur fait le saut du *tremplin* dans la figure 180. Ces dernières figures ont été reproduites d'après des photograhies de M. Lugardon, de Genève.

Figures 176 177 178 179 180.

A l'exposition de la *Society of Great Britain* en 1881, MM. Hill et Sanders exposaient une instantanée d'athlètes dont l'un, suspendu par le pied à la barre fixe, venait de lâcher dans le vide le second qu'il tenait par la main. Celui-ci devait avoir déjà, au moment de sa chute, représentée dans la figure, une vitesse de 1 mètre à la seconde; la positive est pourtant très nette. Le temps de pose doit avoir été d'environ 1/270e de seconde.

Parmi les épreuves de ce genre, nous pouvons citer les nombreuses séries de M. Lugardon, de Genève, entre autres celle de la figure 181. (Reproduction de l'original par la zincographie.)

Figure 181. — Saut à la perche.

Un homme saute, au moyen de la perche, une corde, puis un fossé; au moment où il a atteint le sommet du saut, il abandonne la perche et il va retomber de l'autre côté. L'inspection de l'instantanée, prise avec l'obturateur Thury et Amey, nous montre une étrange rupture d'équilibre : l'homme semble devoir tomber très malheureusement, au lieu de continuer le mouvement de translation acquis par le saut.

Une autre instantanée curieuse est celle de gamins pris au bain.

La phototypie, ce nouveau moyen de reproduction que tout le monde connaît, rend la photographie avec une finesse de détails vraiment surprenante; il serait difficile au peintre de saisir aussi rapidement cette scène, qui a demandé seulement une pose de 1/300e de seconde (1).

Muybridge, dont nous avons décrit les remarquables travaux (pages 164 à 169), a étudié également les phénomènes du mouvement chez l'homme. L'habile praticien américain photographia, pendant toute une journée, les évolutions d'un certain nombre d'athlètes : des exercices de lutte, de boxe, d'escrime, de sauts, etc. Un gymnasiarque se plaça devant l'appareil et exécuta le saut périlleux en arrière; malgré la rapidité du mouvement, quatorze clichés furent pris. On sait que ce mouvement est un des plus rapides exécutés par l'homme; l'œil ne saurait le suivre et se le figure comme un demi-cercle humain.

Un hercule du « Olympic-Club » de San-Francisco a fourni à Muybridge une excellente étude du jeu des muscles; elle était destinée à un statuaire. L'hercule, prenant d'une main un poids de soixante-quinze kilos, déposé à ses pieds, le soulevait lentement, à bras tendu, jusqu'au-dessus de la tête. Pendant ce mouvement, quatorze épreuves furent faites, qui démontrèrent distinctement quand et comment les muscles du bras et du corps fonctionnent.

M. Gerichton, professeur de boxe, exécuta avec ses élèves un défilé complet des exercices de son art : tous les mouvements, souvent très rapides, furent photographiés et les images de parades, de feintes, de contres, de coups de tête et de genou offrent des modèles à tous ceux qui s'occupent de ce sport.

A cette époque, Muybridge photographiait déjà un sauteur (ce que Marey et Anschütz firent plus tard dans d'autres conditions) :

(1) Voir *Bulletin de l'Association belge de Photographie*, année 1882, p. 405.

celui-ci devait rompre, pendant le saut, quatorze fils tendus horizontalement devant lui à des distances égales. Au moment de la rupture de chacun de ces quatorze fils, les objectifs de quatorze chambres photographiques prenaient le sujet à quatorze endroits différents de la trajectoire du saut. Les curieux résultats obtenus en 1883, par Muybridge, décidèrent d'autres photographes à entreprendre de semblables études. Nous possédons un album de Anderson reproduisant, en vingt-huit épreuves, les mouvements d'un cavalier.

Le Gouvernement français a fait ériger à Paris, en 1883, une station physiologique d'après des plans dressés sur des bases scientifiques. L'aménagement de cette station, tout en tenant compte de la possibilité d'études ultérieures qu'on pourrait y entreprendre dans des voies nouvelles, est réglé spécialement pour l'étude de la mécanique animale ; les expériences que l'on y a exécutées dans les derniers temps se rapportent presque toutes à la locomotion humaine.

M. Marey s'est imposé de résoudre d'abord les points suivants :

1° Déterminer la série des actes qui se produisent dans la locomotion humaine aux différentes allures : marche, course, saut ;

2° Rechercher les conditions extérieures qui modifient ces actes ; celles, par exemple, qui augmentent la vitesse de l'allure et la longueur du pas et qui exercent ainsi une influence favorable ou défavorable sur la locomotion de l'homme ;

3° Mesurer le travail dépensé à chaque instant dans les différents actes de la locomotion, afin de rechercher les conditions les plus favorables à la bonne utilisation de ce travail.

La figure 182 nous indique la disposition d'ensemble de la station. Une route circulaire et parfaitement horizontale a été aménagée par la ville de Paris, à l'avenue des Princes. Cette route est formée de deux pistes circulaires concentriques : l'une intérieure, large de 4 mètres, sert d'arène pour l'étude des mouvements du cheval ; l'autre, extérieure, est consacrée aux exercices de l'homme. Une ligne télégraphique dont les poteaux sont espacés de 50 mètres a été disposée sur tout le pourtour de cette arène. Chaque fois qu'un marcheur passe devant l'un de ces poteaux, un signe télégraphique l'indique dans la pièce principale de la station. La vitesse du marcheur, l'accélération ou le ralentissement de son allure et jusqu'au nombre de ses pas se trouvent ainsi enregistrés. Au centre de la piste est un poste élevé, dans lequel un tambour mécanique règle le rhythme des allures. Ce tambour reçoit

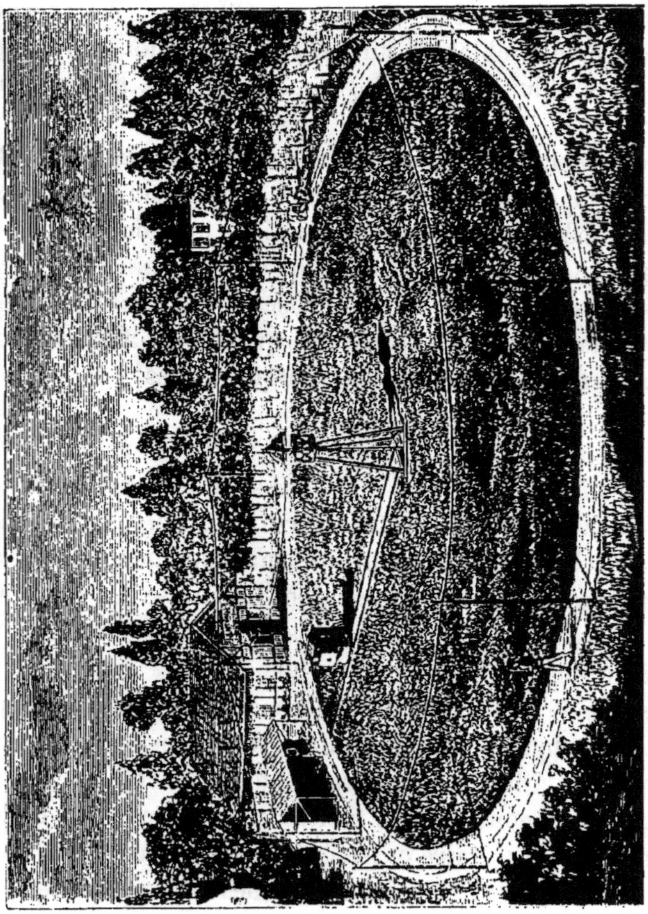

Figure 182. — Ensemble de la station physiologique de Marey.

le mouvement par un circuit télégraphique spécial, émanant aussi d'une des pièces centrales de la station où le rhythme est réglé par un interrupteur mécanique. Du centre de la piste part une petite voie ferrée, sur laquelle se meut une chambre photographique spécialement construite. Dans cette chambre, un dispositif ingénieux permet de prendre une série d'instantanées des hommes ou des chevaux que l'on désire observer. Ces photographies se prennent au moment où l'homme, habillé de *blanc,* passe devant un fond noir. La figure 183 représente la chambre photographique dans laquelle se place l'expérimentateur. Elle est placée sur roues et peut se mouvoir sur les rails, pour s'éloigner ou se rapprocher de l'écran devant lequel doit passer le sujet sur lequel on expérimente.

Il est avantageux de placer l'appareil photographique assez loin de l'écran, à 40 mètres environ. L'angle sous lequel se présente le

Figure 183. Figure 184.

Chambre photographique de Marey.

sujet change peu à cette distance pendant la durée de son passage devant l'écran noir. A l'extérieur de cette chambre se voient les vitres rouges par lesquelles l'observateur suit les divers mouvements qu'il désire étudier; un porte-voix permet de commander les allures qui doivent être prises. Dans la figure 184, la paroi de devant de la chambre est enlevée ; elle laisse voir un disque tournant, muni d'une fente par laquelle la lumière pénètre d'une manière intermittente dans l'appareil photographique. Ce disque a 1^m 30 de diamètre et la fente dont il est percé représente la centième partie de sa circonférence. Si le disque fait donc dix tours par seconde, la durée de l'action lumineuse, dans l'objectif, ne sera que de 1/1000e de seconde. Le mouvement de rotation est transmis au disque par un rouage actionné par un poids de 150 kilogrammes, placé sur le derrière de la chambre. Un frein permet d'arrêter à volonté la rotation du disque. La figure 184 montre la disposition intérieure de la chambre : *A* est l'appareil photographique, *B* est le disque rotatif, *D* un obturateur pour l'objectif, qu'on ouvre au commencement d'une opération pour le fermer à la fin, alors qu'il est prudent de ne plus laisser pénétrer de lumière à l'intérieur de la chambre ; *F* est une fenêtre qui démasque le champ dans lequel s'exécutent les mouvements que l'on étudie. La figure 185 montre l'écran noir devant lequel se meut l'homme habillé de blanc. C'est une sorte de hangar de 15 mètres de longueur sur 3 mètres de profondeur et 4 mètres de hauteur. La piste sur laquelle l'homme marche est inclinée légèrement, de telle sorte qu'un rayon visuel partant de l'objectif rase la surface du sol sans le rencontrer nulle part ; elle est surélevée de 20 centimètres au-dessus du terrain et tout le long de ce relief court une planche divisée alternativement en bandes verticales blanches et noires de 1m50 de longueur. Cette règle se reproduit dans les négatifs et sert à mesurer les longueurs parcourues entre deux images, la taille du sujet, l'amplitude de ses réactions, l'étendue du développement de chaque partie du corps. Pour se rendre compte de la vitesse des mouvements, il faut mesurer les temps employés à les exécuter. Si le disque avait toujours la même vitesse, si le nombre de fenêtres était le même pour toutes les expériences, on n'aurait qu'à déterminer, une fois pour toutes, le temps qui s'écoule entre la production de deux images. En effet, si les rayons lumineux pénètrent dans l'appareil à des intervalles de 1/10e de seconde et si l'espacement des images, mesuré d'après l'échelle, est de 0m50, il est positif que 5 mètres ont été parcourus en 1 seconde. Mais la vitesse du disque varie suivant la nature des expériences ; il faut donc les contrôler, ce qui se fait au moyen du dispositif suivant : dans la figure 185, on voit au-dessus de la tête du marcheur un chronographe photographique. C'est un cadran de velours noir, sur le pourtour duquel sont disposés des clous brillants qui partagent la circonférence en un certain nombre de parties égales.

Une aiguille brillante tourne continuellement devant ce cadran avec une vitesse d'un tour par seconde.

Si une instantanée ou une série d'instantanées demande par

Figure 185.

Dispositif pour photographier instantanément un homme à la course.

exemple 3/10e ou 4/10e de seconde, le négatif montrera que l'aiguille de ce cadran a parcouru 3/10e ou 4/10e du cercle.

La figure 186 fera comprendre ce que nous venons de dire. Elle représente un sauteur qui franchit un obstacle.

La série des photographies nous montre d'abord le sujet prenant son élan par une course préalable et enfin lorsque le saut est fait et que la chute sur le sol a arrêté tout mouvement en avant.

Nous voyons que le sauteur est représenté neuf fois, c'est-à-dire que neuf rotations du disque se sont produites pendant la durée de l'expérience. La fenêtre signalée dans la description ci-dessus a donc permis neuf impressions lumineuses sur la plaque photographique. La distance parcourue par le sauteur, pendant l'action, peut être facilement mesurée au moyen de l'échelle du sol. On remarque que les distances parcourues entre les diverses instantanées ne sont pas toutes égales. La plus grande vitesse s'observe immédiatement avant le saut, après que l'élan a été donné. Une

Figure 186. — **Homme sautant une corde.**

diminution est accusée au moment où le sujet se trouve en l'air, laquelle est plus prononcée encore au moment où il touche terre.

Pour s'assurer si les diverses images ont été prises à des intervalles de temps égaux, il faudra consulter le chronographe : l'aiguille a été photographiée à chaque épreuve instantanée, c'est-à-dire neuf fois; on constatera que les intervalles entre les neuf poses consécutives sont égaux si les images de l'aiguille, rapportées sur une même figure, forment entre elles des angles égaux.

Les séries d'instantanées d'hommes et d'animaux réussissent le mieux lorsque les sujets se meuvent rapidement en avant. D'un homme courant modérément on peut prendre neuf à dix images en une seconde sans obtenir de confusion (*fig.* 187). Si le sujet ne

Figure 187.

marche que très lentement, il se montre sur le négatif avec des poses tellement enchevêtrées qu'il est difficile de distinguer le sujet principal (*fig.* 188) ; on remédie à cet inconvénient en pre-

Figure 188.

nant des *photographies* partielles, c'est-à-dire en supprimant certaines parties de l'image, pour que le reste soit plus facile à comprendre. Si un homme portant un costume mi-blanc et noir présente, en marchant sur la piste, la partie blanche de son costume vers l'objectif, on le verra, dans les images obtenues, comme n'ayant qu'une moitié de corps (*fig.* 189).

Figure 189.

Ces photographies partielles sont utiles dans l'analyse des mouvements rapides parce qu'elles permettent de multiplier beaucoup le nombre des attitudes représentées.

Comme l'image d'un membre présente une surface assez large, il faudrait encore diminuer la largeur des images lorsque ces atti-

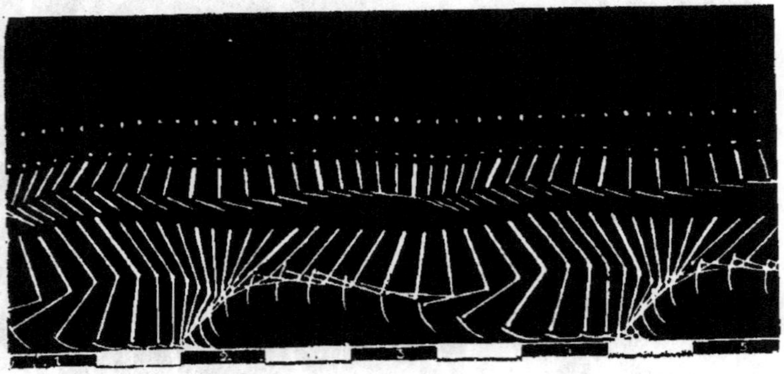

Figure 190.

tudes se multiplient davantage. Le moyen consiste à revêtir le sujet d'un costume entièrement noir sur lequel on applique le long de la jambe, de la cuisse et des bras, d'étroites bandes de métal qui signalent la direction des rayons osseux de ces membres (*fig.* 190).

Les études de M. Marey ont été très utiles au point de vue mili-

Figure 101.

taire. L'éminent physiologiste en a communiqué les résultats à l'Académie des Sciences. Il conclut de ces expériences que la meil-

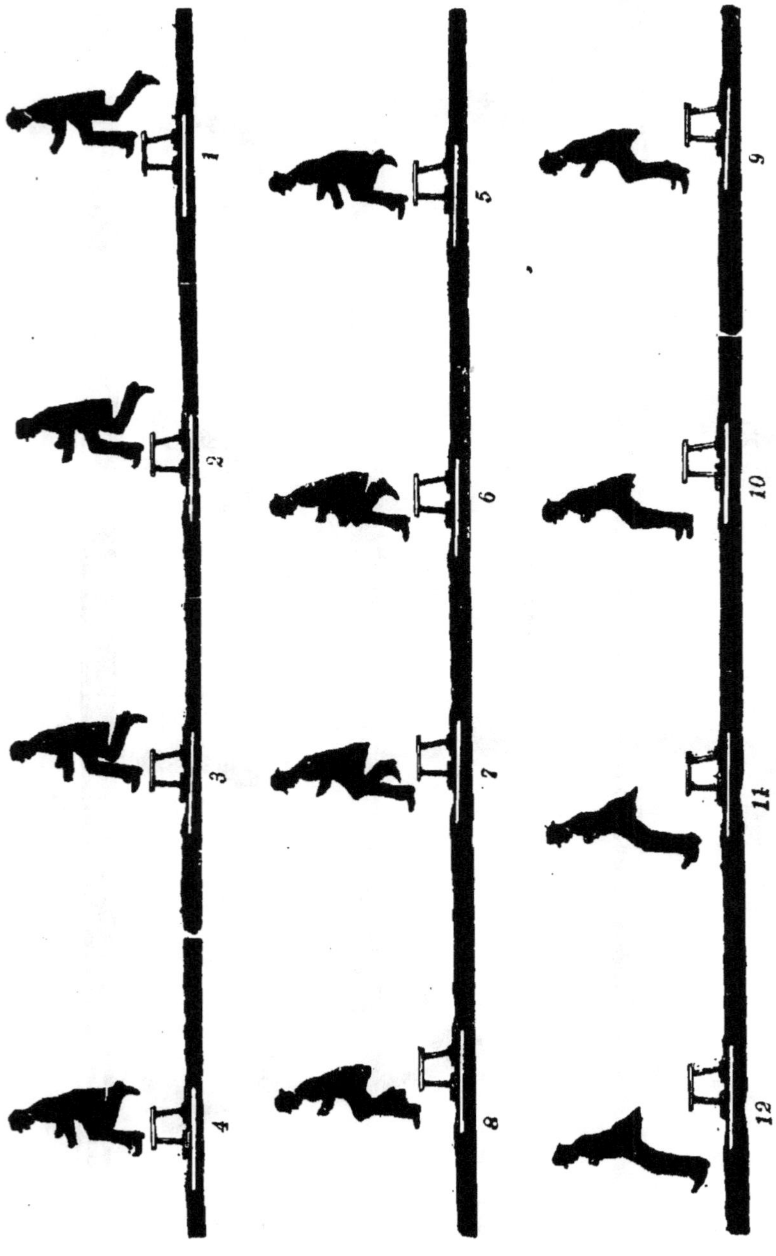

Figure 102.

leure vitesse de marche est de 70 pas à la minute; pour le pas gymnastique, elle est de 175 pas à la minute, soit un kilomètre par dix minutes; celle du pas accéléré de nos troupes est de 120 pas à la minute. La méthode employée par M. Marey, comme nous venons de le voir, consiste à photographier sur une même plaque les différentes phases d'un même mouvement. M. O. Anschütz, de Lissa, multiplie au contraire le nombre des appareils et par là le nombre des plaques sensibles employées : l'avantage de cette manière d'opérer est que les dernières images ne se recouvrent pas réciproquement, qu'elles restent parfaitement distinctes les unes des autres.

La figure 191 est un bois fait d'après une série de photographies d'Anschütz : ce sont des instantanées d'un homme qui court avec une très grande vitesse, ce que prouvent surtout les positions arrondies des numéros 7 et 8 ; elles sont au nombre de douze et ont été faites en moins d'une seconde. Dans chaque image, le coureur ne pose qu'un pied à terre. Les passages successifs d'une position à une autre sont d'autant plus nettement marqués, ce qui constitue le caractère dominant des instantanées d'Anschütz.

Non moins remarquable que la figure précédente est le bois de la figure 192. Il représente un sauteur dans douze positions différentes pendant qu'il franchit un obstacle.

Il serait à souhaiter que les travaux si remarquables de Marey et d'Anschütz, qui y ont consacré tant de patience et de persévérance, fussent continués par la suite. Ils rendraient de réels services à la science et à l'art militaire.

CHAPITRE XXIV

Application de la photographie instantanée à l'art : son emploi avec le Zoétrope.

On pourrait croire que l'artiste, le sculpteur ou le peintre, représente fidèlement les sujets animés et en mouvement que lui offre la nature. Cela n'est pourtant exact que dans des cas exceptionnels, car l'artiste ne voit qu'avec les yeux de l'imagination, en idéaliste et non en réaliste.

Les figures que nous avons vues dans les chapitres précédents ne correspondent nullement aux images que conçoit l'observateur lorsqu'il se trouve en présence des mouvements représentés.

Les instantanées de Muybridge et d'Anschütz renversent complètement les conceptions admises jusqu'ici. Ainsi un cheval qui prend le galop ne soulève pas d'abord les pieds de devant, mais bien ceux de derrière ; à un certain moment il appuie les quatre pieds sur le sol, comme s'il refusait de marcher, puis un instant après il se trouve suspendu, les jambes repliées sous le ventre. On peut donc dire que toutes les conceptions des mouvements du cheval étaient fausses. Il en est de même des positions des bras et des jambes chez l'homme, quoiqu'on les ait toujours dessinées d'après nature. La cause de cette erreur gît dans le fait que notre œil ne possède pas la faculté de saisir assez rapidement l'ensemble et le détail d'un mouvement et qu'il remplace le fait par l'imagination. Veut-on un exemple?

Lorsqu'on prend un charbon ardent ou un morceau de fer rougi au feu et qu'on fait tourner le bras avec une vitesse de 8 à 10 tours par seconde, l'œil aperçoit un cercle de feu, rien de plus : ni forme de la partie incandescente, ni intervalles entre les positions successives de l'objet. Les moments que notre mémoire parvient à fixer sont des instants de repos relatif ou la combinaison de mouvements se succédant rapidement : c'est ainsi que les rend le peintre. On voit, dans les tableaux, les rayons des roues d'un carrosse lancé peints d'une façon confuse, sans contours définis. La photographie instantanée nous prouve au contraire que ces roues, tournant même avec une grande vitesse, laissent voir des contours aussi nets que si le carrosse était au repos.

En comparant les photographies de MUYBRIDGE et d'ANSCHÜTZ avec les dessins de nos meilleurs artistes, on trouvera qu'aucune phase reproduite par ces derniers ne retrace les réalités que la photographie révèle.

Figure 193.

Figure 194.

Les figures 193 et 194 nous montrent des dessins de chevaux au saut et au galop : elles nous paraissent parfaitement correctes; elles sont en réalité entièrement fausses. Un journal américain, *The american Queen*, donnait en 1882 une illustration d'une chasse.

Nous la reproduisons dans la figure 195. L'ensemble du sujet fut dessiné d'après des instantanées de Muybridge; le dessinateur ajouta quelques détails pour le compléter. Nous nous trouvons ainsi devant une image parfaitement fidèle et véridique, qui nous semble pourtant impossible et ridicule.

Ceci ne veut pas dire que toutes les instantanées ne sauraient servir de modèles aux peintres. Ceux-ci cherchent à dessiner les mouvements lents tels que les saisit l'œil, le plus naturellement possible, et, certes, les photographies de ces mouvements peuvent donner des modèles très précieux. Dans les mouvements rapides, l'œil ne saisit que les positions extrêmes ou culminantes. La reproduction de ces positions seules peut aider le dessinateur.

Il est plus que probable que, par la suite, le public se familiari-

Figure 195. — Instantanée de chevaux en pleine course.

sera aux positions avec la figuration de la réalité, reproduite par les instantanées : les peintres pourront alors dessiner les poses risquées dont on glose aujourd'hui.

Déjà beaucoup d'artistes se servent des instantanées de vagues, de marines, de rues, comme données pour esquisser leurs tableaux, mais il est à remarquer que bien peu osent s'en vanter. Une certaine pudeur artistique semble s'opposer à cette collaboration de la photographie. Pourquoi? Est-ce un aveu d'incapacité que d'emprunter à la réalité, au naturel que rend la photographie, des renseignements, des idées même, qui aident à la conception du sujet d'un tableau? L'artiste ne peut-il nous montrer que les produits de son imagination, et l'arrangement de son sujet ne lui laisse-t-il pas encore un champ assez vaste pour lui permettre de révéler son talent ou son génie ?

La photographie instantanée faisant l'analyse des mouvements,

Figure 196. — **Zoétrope.**

en les reproduisant, il était très intéressant de refaire la synthèse de ces mêmes mouvements au moyen des images obtenues. Cette démonstration se fait au moyen du *Stroboscope,* ou mieux encore avec le *Photoscope* ou le *Zoétrope*. En plaçant le positif de la figure 192 dans le *Zoétrope* (*fig.* 196) et en donnant à celui-ci un mouvement de rotation très accéléré, on voit à travers la fente les diverses impressions lumineuses se fondre en une impression unique et retracer en entier le mouvement de l'homme qui franchit un obstacle. Cette expérience ne réussit qu'imparfaitement avec des dessins; il convient mieux de se servir des positifs obtenus d'après les négatifs originaux. La synthèse des diverses

Figure 197. — Appareil de Reynaud.

phases d'un mouvement s'obtient d'une façon très complète au moyen du *Praxinoscope* de Reynaud, qui projette sur un écran l'image condensée fournie par le *Zoétrope*. L'appareil de Reynaud (*fig*. 197) n'exige qu'une seule source de lumière, quoiqu'il donne deux projections.

Un condensateur projette le paysage, un autre le sujet en mouvement. En tournant le dispositif sur son axe, on obtient sur l'écran un ensemble mouvementé.

Sir Charles Wheastone aurait conçu en 1870 l'idée de ces instruments, mais il manquait à cette époque les images correctes nécessaires, que nous donne la photographie instantanée.

C'est au moyen de l'appareil perfectionné de Reynaud que Muybridge projetait, en 1882, à la Société royale de Londres, ses séries si belles d'instantanées de mouvements rapides dont on avait nié, si pas l'existence, du moins l'exactitude.

Le prince de Galles assistait à l'une de ces séances et exprimait hautement son admiration pour les résultats obtenus et le spectacle qui en était donné.

Le patient photographe américain n'obtint pas moins de succès à Paris, où il renouvela ses intéressantes expériences dans l'atelier du célèbre peintre Meissonier, devant un public d'élite.

Nous voyons ainsi que la photographie instantanée, dont les procédés sont aujourd'hui accessibles au profane, s'élève presque à la hauteur d'un art. Si l'on considère les progrès qu'elle a réalisés, les merveilleux résultats qu'elle a produits, les horizons qui s'ouvrent encore devant elle, on comprendra les services qu'elle peut rendre à l'art et aux sciences naturelles, et l'on pourra donner raison à la parole d'un savant astronome français :

« La plaque photographique sera bientôt la pierre de touche du savant. »

FIN

www.ingramcontent.com/pod-product-compliance
Lightning Source LLC
Chambersburg PA
CBHW072302210326
41519CB00057B/2556
9782013531702